GEOTREKKING

Unterwegs in Werdenfels

Band 1: Geoabenteuer

Andreas P. Kaiser

Spannende Forschungsberichte für Jedermann

inklusive 20 Tourenvorschläge für die ganze Familie

Unterwegs in Werdenfels
- Band 1: Geoabenteuer

Copyright © 2010 MAK Trek, Garmisch-Partenkirchen

Andreas P. Kaiser

Alle Rechte vorbehalten. Inhalte, Photos, Graphiken und Layout unterliegen dem Urheberrecht. Sie dürfen ohne Zustimmung des Autors weder für Handelszwecke oder zur Weitergabe kopiert, noch verändert und anderweitig verwendet werden.

Herstellung und Verlag:
Books on Demand GmbH, Norderstedt
ISBN 9783842332294

www.kaiser-geotrekking.de

Unterwegs in Werdenfels
- Band 1: Geoabenteuer

www.kaiser-geotrekking.de

Unterwegs in Werdenfels
- Band 1: Geoabenteuer

Für meine liebe Ehegattin Michaela.

Besonderen Dank an (in alphabetischer Reihenfolge):

Karsten Amann, Tom Lunzer, Wolfgang Mayer, Josef Pfeiffer und Jürgen Proske für die Unterstützung bei der Geländearbeit.

Josef Bader, Manuel Brückl und Johann Peter Orth als Ideengeber und Berater.

Franz Wörndle vom Marktarchiv Garmisch-Partenkirchen für ein allzeit offenes Ohr und eine allzeit offene Tür.

Maren Schauer für das Korrektorat des Manuskripts und Jürgen Proske für das Lektorat.

www.kaiser-geotrekking.de

Unterwegs in Werdenfels
- Band 1: Geoabenteuer

Grußwort des Landrats

Der Landkreis Garmisch-Partenkirchen reicht vom eiszeitlich geformten Alpenvorland bis in die bayerischen Hochalpen. Eine Vielzahl erdgeschichtlicher und geologischer Sehenswürdigkeiten ist hier auf engem Raum zu finden. Am 12. Mai 2006 wurde das Werdenfelser Land als Nationaler Geotop ausgezeichnet und erhielt vom Bundesministerium für Bildung und Forschung das Recht, das Logo "planet erde - Welt der Geowissenschaften" zu führen. Im Rahmen der Aktion „Bayerns schönste Geotope" wurden 100 besondere Naturschöpfungen, die Erkenntnisse über die Erdgeschichte vermitteln, durch das Geologische Landesamt ausgezeichnet.

Mit der Partnachklamm, den Wetzsteinbrüchen bei Unterammergau, der Wildflusslandschaft Isar und den Buckelwiesen befinden sich vier davon im Werdenfelser Land.

Höhlen, Bergbaustollen und geologische Phänomene können demjenigen einen Blick in die erdgeschichtliche Entwicklung oder auch in die vielfältige Bergbau-Historie des Werdenfelser Landes eröffnen, der diesen Zeugnissen in vielfacher Hinsicht mit Achtsamkeit begegnet: Zum einen weisen Geotope eine erhöhte Sensibilität gegenüber menschlichen Nutzungen auf – sei es, weil sich eine spezialisierte Flora und Fauna dort angesiedelt hat oder die geologischen Bildungen vor Beschädigung und Zerstörung zu schützen sind, um sie für die Nachwelt zu erhalten. Zum anderen dürfen die Gefahren eines Besuches von Höhlen und Stollen nie außer acht gelassen werden. Schließlich bedeutet Achtsamkeit hier aber auch eine Schulung der Wahrnehmung – nur dem aufmerksamen Beobachter erschließen sich alle Facetten und öffnen sich Fenster in eine längst vergangene Zeit.

Ich bin selbst von der vielfältigen Bergwelt des Werdenfelser Landes fasziniert und hoffe, dass dieses Buch dazu beiträgt, neben dem Wissen um die Geologie und Geschichte von Geotopen auch Verständnis dafür zu vermitteln, dass es sich um sensible Naturschöpfungen, Lebensräume für gefährdete Arten und historische Zeugnisse handelt, die unseres Schutzes bedürfen.

Harald Kühn, Landrat

www.kaiser-geotrekking.de

Unterwegs in Werdenfels
- Band 1: Geoabenteuer

Inhalt

Grußwort des Landrats	5
Inhaltsverzeichnis	6
Vorwort	8
Übersichtskarte	10
§§ - Naturschutz	12

Geoabenteuer um vergessene Bergwerke — 13

Teil I - Vergessene Bergwerke Region Isartal — 21
    Eine kuriose Montanhistorie — 22
    – der Quecksilberstollen am Walchensee
    Spurensuche im Grubenfeld Joseph — 32
    Historischer Bergbau um Mittenwald — 34
    Kleinod Ropfenvogelstollen — 39

Teil II - Vergessene Bergwerke Region Loisachtal — 43
    Zeche Garmisch — 44
    Altbergbau hoch über Hammersbach — 48
    Waxensteinstollen — 51
    Schurfbau am Stuiben — 54
    Poyßlstollen — 58
    Fluchtstollen der Schaumburg — 60
    Bergwerk Murnau — 62

Teil III - Vergessene Bergwerke Region Ammertal — 66
    Schleifsteinstollen in Echelsbach — 67
    Schatzloch am Hörnle — 70
    Guffellöcher am Laubeneck — 74
    Kühalpenbachstollen — 77
    Guckalochstollen — 80

www.kaiser-geotrekking.de

Unterwegs in Werdenfels
- Band 1: Geoabenteuer

Geoabenteuer um Naturhöhlen   81

    Eisriesenwelt in der Bärenhöhle   85
    Ein verprellter Jesus in der Ölberghöhle   88
    Überraschung im Reich der Gipsnadeln   91
    Der Einsiedler im Guckaloch   95
    Bunte Unterwelt – Die Blaue Grotte   99
    Excentriques im Gamsloch   102
    Die Höhle im Ofenberg   109
    Farchant West   110

Kurioses und Wissenswertes   116

    Volltreffer am Frauenwasserl   117
    Afrika in Werdenfels   120
    Der Traum von Bad Eschenlohe   121
    Franzosenmauer   122
    Gedränge in der Mariengrotte   128
    Die Grotte der Kreuzfetischisten   131
    Fossilienfundstelle im Schneckengraben   132
    Marmorschätze im Reintal   134

Tourenvorschläge   135
Autorenvorstellung   156
Quellennachweise   157
Glossar   159

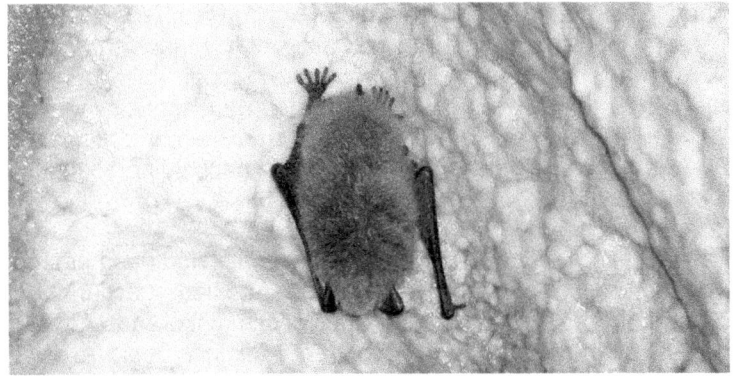

www.kaiser-geotrekking.de

Unterwegs in Werdenfels
- Band 1: Geoabenteuer

Vorwort

Die Grafschaft Werdenfels umfasste einst einen großen Teil des heutigen Landkreises Garmisch-Partenkirchen. Im Norden reichte sie ursprünglich bis Eschenlohe, später allerdings nur noch bis zum sagenumwobenen „Steinernen Brückl" über den Ronetsbach, etwa auf halbem Weg zwischen Farchant und Oberau gelegen. Im Süden dehnte sich Werdenfels bis in die Nähe von Seefeld aus, im Osten waren der Sylvenstein und das Lalider Tal die Grenzen. Der Plansee im Nordwesten markierte das gegenüberliegende Ende der Grafschaft.

Die Berichte und Forschungen, die in diesem Buch veröffentlicht werden, können großteils im Bereich der alten Grafschaft Werdenfels bzw. in deren unmittelbaren Nähe verortet werden. Sie sollen einen groben Überblick über meine Forschungstätigkeiten in den vergangenen 15 Jahren geben und allen, die gerne *„Unterwegs in Werdenfels"* sind, Freude bereiten. Sei es bei der gemütlichen Lektüre auf dem Sofa oder bei dem oft schweißtreibenden Aufenthalt im Gelände. Es ist und war mir immer schon ein Anliegen, meine Erkenntnisse mit dem interessierten Publikum zu teilen und für spätere Generationen zu konservieren.

Viele der hier vorgestellten Forschungen waren oft von einem gewissen Abenteuergedanken mit angetrieben. Wir alle, ob Kind oder Erwachsener, kennen die Magie, die dem alljährlichen Ostereiersuchen innewohnt. Nicht umsonst wurde aus diesem Grund auch die Freizeitaktivität Geocaching in den vergangenen Jahren derart populär! So zogen mich geheimnisvolle Orte wie Höhlen, Bunker oder Bergwerke schon als Schüler magisch an. Zu der Suche nach diesen unterirdischen Objekten gesellte sich bald die Suche nach Mineralien und Erzen.

Die in diesem Buch veröffentlichten Berichte sind nach bestem Wissen und Gewissen recherchiert und niedergeschrieben. Sie erheben weder Anspruch auf Vollständigkeit noch geben sie ein ultimatives Urteil ab, sondern lediglich meine Arbeitsergebnisse und die daraus entstandenen subjektiven Ein-

Unterwegs in Werdenfels
- Band 1: Geoabenteuer

schätzungen und Interpretationen. Meine Berichte sollen durchaus zum Weiterforschen ermuntern. Eines der Leitziele dieser Veröffentlichung ist, mit dem interessierten Leser und/oder Wissenschaftskollegen in den Dialog zu treten. Ich freue mich auf Ihre Meinung und einen fruchtbaren Gedankenaustausch!

Man möge mir nachsehen, dass die Lagebeschreibung mancher ökologisch empfindlicher Objekte nur sehr allgemein gehalten wurde. Dies geschah bewusst und absichtlich. Es liegt mir fern, selbst das letzte Kleinod meiner Heimat der Weltöffentlichkeit preiszugeben. Hier differenziere ich zwischen den allgemein bekannten bzw. unempfindlichen Objekten und den in Vergessenheit geratenen und von mir wiederentdeckten Orten. Was bereits bekannt ist wird hier nicht verheimlicht, Sensibles dagegen ist in meinem Privatarchiv ausführlich dokumentiert und wird dem Interessierten auf Anfrage auch gerne zur Verfügung gestellt, nicht aber im Rahmen dieses Buches veröffentlicht. Ich bedanke mich für Ihr Verständnis.

Die am Ende des Buches zusammengefassten Tourenvorschläge mögen Anregung sein, das im Buch Gelesene im Gelände nachzuvollziehen. Sie beziehen sich auf solche Objekte, die weitgehend gefahrlos im Rahmen eines Familienausflugs von Jung und Alt angegangen werden können.

Viele der vorgestellten Objekte liegen in alpinem Gelände und sind nur weglos, teils schwierig zu erreichen. Die einschlägigen Sicherheitsregeln sind unbedingt zu beachten! Auch bitte ich mancherorts bestehende temporäre Betretungsverbote und Naturschutzvorschriften zu respektieren.

Gemäß meines Leitspruches „Weil ich nur sehe, was ich weiß." wünsche ich nun viel Freude bei der Lektüre und hoffe, Interesse für die einzigartige Vielfalt des Werdenfelser Landes zu wecken und die eine oder andere Unternehmung zu initiieren. Aber ... hüten Sie sich vor dem Berggeist!

Garmisch-Partenkirchen, 2010   Andreas P. Kaiser

www.kaiser-geotrekking.de

Unterwegs in Werdenfels
- Band 1: Geoabenteuer

Übersichtskarte

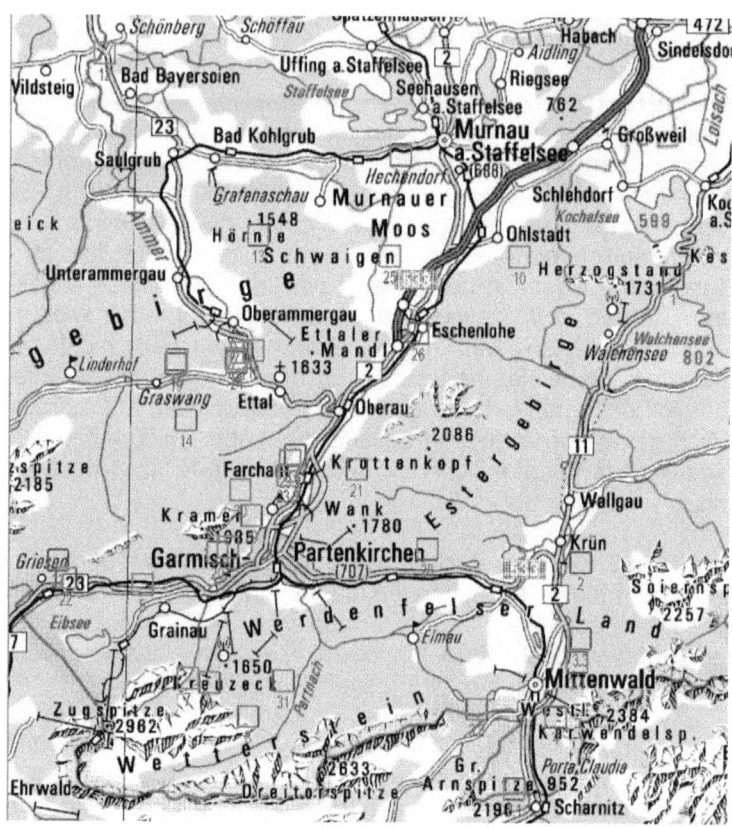

Übersichtskarte 1 : 500.000

© Bayerische Vermessungsverwaltung 2010

Unterwegs in Werdenfels
- Band 1: Geoabenteuer

1 Quecksilberstollen am Walchensee
2 Grubenfeld Joseph
3.1 Franz Adolf Zeche
3.2 Gute Hoffnungszeche
3.3 Marmorbruch
3.4 Goldloch
4 Ropfenvogelstollen
5 Zeche Garmisch
6 Altbergbau hoch über Hammersbach
7 Waxensteinstollen
8 Schurfbau am Stuiben
9 Poyßlstollen
10 Schaumburg
11 Bergwerk Murnau
12 Schleifsteinstollen
13 Schatzloch am Hörnle
14 Kühalpenbachstollen
15 Guckalochstollen
16 Eisriesenwelt in der Bärenhöhle
17 Ölberghöhle
18 Reich der Gipsnadeln
19 Guckaloch
20 Blaue Grotte
21 Gamsloch
22 Höhle im Ofenberg
23.1 Heubergkluft
23.2 Wassertalursprungshöhle
23.3 Spielleitenhöhle
24 Frauenwasserl
25 Afrika in Werdenfels
26 Bad Eschenlohe
27 Franzosenmauer
28 Mariengrotte
29 Grotte der Kreuzfetischisten
30 Fossilienfundstelle Schneckengraben
31 Marmorschätze im Reintal

Unterwegs in Werdenfels
- Band 1: Geoabenteuer

INFO §§ - Naturschutz

Gemäß § 39 (6) Bundesnaturschutzgesetz ist das Betreten von Höhlen, Bergwerken, Erdställen und anderen unterirdischen Objekten in der Zeit vom 1. Oktober bis 31. März aus Gründen des Fledermausschutzes verboten.

Die empfindlichen Tiere halten Winterschlaf, jeder Eingriff in ihren Lebensraum bedeutet für sie eine Störung, auch wenn es auf den ersten Blick nicht so aussieht. Eine Fledermaus erwacht erst nach etwa 30 Minuten aus dem Winterschlaf. Einmal aufgeschreckt verlässt sie im schlimmsten Fall ihr Winterquartier, verliert bei der Suche nach einem neuen überlebenswichtige Energiereserven und geht möglicherweise an der unnötigen Energieverschwendung ein.

Der Winterverschluss der Höhlen ist 100% zu respektieren, genauso wie von der Naturschutzbehörde ausgesprochene temporäre Betretungsverbote. Eine Zuwiderhandlung ist nicht nur strafbar sondern auch höchst unverantwortlich im Sinne des Naturschutzgedanken.

Trifft man des Winters in „freien" Höhlen unerwartet Fledermäuse an, sind diese Winterschlafquartiere unverzüglich zu verlassen um jegliche Störung auszuschließen. Eine Information an die Naturschutzbehörde (Telephonbuch „Landratsamt"!) sollte umgehend erfolgen, um entsprechende Schutzmaßnahmen einzuleiten.

Kontaktadresse im Landkreis GAP: **www.lra-gap.de**

Unterwegs in Werdenfels
- Band 1: Geoabenteuer

Geoabenteuer um vergessene Bergwerke

Die folgenden Geoabenteuer um vergessene Bergwerke sind gedacht, dem Interessierten einen Überblick über die vielfältige Montanhistorie des Werdenfelser Landes zu geben. Eine Montanhistorie, die man in dieser erstaunlichen Ausprägung nicht erwartet. Dabei habe ich darauf geachtet, bekannte Objekte auszugrenzen und vorzugsweise Unbekanntes, Vergessenes zu präsentieren. Viele der beschriebenen Objekte werden hiermit erstmals erfasst, publiziert und für die Zukunft konserviert. Die Forschungen erheben keinen Anspruch auf Vollständigkeit sondern verstehen sich eher als Impulsgeber für weitere Untersuchungen. Glück auf!

Doch bevor die einzelnen Objekten zur Vorstellung kommen, möchte ich kurz darlegen, wie schwierig sich die Suche nach den alten Bergbaueinrichtungen gestaltet und welche Methoden und Techniken ich anwende, um zum Funderfolg zu gelangen. Dies soll sowohl einen Einblick in meine Arbeitsweise gewähren, als auch dem interessierten Neuling Anregungen und eine gewisse Anleitung geben.

Die erste Frage ist wohl, wie kommt man überhaupt darauf, an der einen oder anderen Stelle nach einem Bergwerk zu suchen? Woher weiß man, dass es gerade *hier* bergbauliche Umtriebe gab, *dort* aber nicht? Gleich vorweg genommen, fast alle der beschriebenen Objekte finden sich auf keiner Karte, zumindest keiner aktuellen. Wie also wissen, wo zu suchen ist?

Ein erster, wichtiger Hinweis sind alte Chroniken. Diese erwähnen oft Bergbautätigkeiten und nennen manchmal grob die Gegend der Abbaue. In Chroniken oder auch im Archiv findet man allerdings meist nur Kurzerwähnungen, z.B. in einem Nebensatz manifestierte Schürfrechte. Lagebeschreibungen sind, sofern überhaupt vorhanden, äußerst allgemein gehalten: „Im Ammergebirge", ist ein großes Gebiet, das komplett zu durchkämmen nahezu unmöglich wäre und eine Lebensaufgabe für sich darstellen würde. Gruben- oder Lagekarten existieren nur sehr vereinzelt und in der Regel nur für die

Unterwegs in Werdenfels
- Band 1: Geoabenteuer

größeren, moderneren Bergbaureviere. Ich aber suche bevorzugt mittelalterliche Objekte und bin besonders an den nichtdokumentierten Sondierungsstollen interessiert. Wie lässt sich deren Lage kleinräumiger eingrenzen?

Am Anfang steht immer der Griff zur topographischen und zusätzlich zur geologischen Karte im Maßstab 1:25.000. Das amtliche Kartenmaterial ist dabei das Maß aller Dinge, mit touristischen Belangen überprägte Wanderkarten sind für meinen Zweck nutzlos. Auf der topographischen Karte suche ich das in Frage kommende Gebiet nach Lokalitäten ab, die in ihrem Namen einen Hinweis auf Bergbau geben: „An den Erzgruben", „An der Schmölz" [Anm. d. Autors: Schmölz = Schmelze], „Erzlaine", „Schatzloch". Diese Lokalitätsnamen ergeben, nach der Erwähnung in Archivdokumenten, möglicherweise ein zweites Indiz im zu lösenden Geokrimi. In der geologischen Karte können sich weitere Hinweise finden, so weiß man, dass Vererzungen u.a. an den Kontaktflächen bestimmter Gesteinsschichten vorkommen. Diese aus der Karte herauszulesen und im Gelände nach zu verfolgen kann zum alten Bergwerk führen.

Bevor es ins Gelände geht wird noch Alleswisser „Google" befragt. Oft finden sich Verlinkungen zu Homepages von Mineraliensammlern, die auf den Halden alter Bergbaue unterwegs sind und so manchen vergessenen Bergbau kennen.

Dann beginnt endlich die Geländearbeit, die einer detektivischen Ermittlung gleichkommt und das Herzstück meiner Arbeit bildet. Der Hauch des Abenteuers stellt sich nun ein. Weil man bekanntlich nur das sieht, was man auch weiß, ist es notwendig, die Augen entsprechend den Ansprüchen der Bergwerkssuche zu schulen. Dieses „optische" Wissen ist nur schwer mit Worten zu beschreiben. Am besten schließt man sich einem erfahrenen Geowissenschaftler an und lernt im Gelände aus der Erfahrung des anderen. Ich habe mir dieses Wissen durch viele Exkursionen während meines Geographiestudiums aneignen können. Mit jeder Geländeexkursion lerne ich allerdings bis zum heutigen Tage dazu. Ein paar Hinweise für den Neuling:

Unterwegs in Werdenfels
- Band 1: Geoabenteuer

1. Suche nach Halden! Jeder Bergwerksstollen besitzt eine Halde, denn irgendwo muss der Abraum [Anm. d. Autors: Abraum = taubes Gestein] schließlich abgekippt werden. Eine Halde kann mehrere hundert Quadratmeter groß sein, der Eingang in einen Stollen dagegen nur sehr wenige Quadratmeter. Was liegt also näher, als nach dem größten im Formenschatz des Bergbauwesens vorkommenden Objekt zu suchen – der Halde. Halden besitzen einen Haldenkopf, dieser ist unmittelbar vor dem Stollenmundloch und ähnelt im Gelände einer ebenen Terrasse. Darunter liegt die eigentliche Halde, die durch ihre gleichmäßige Rundform auffällt. Große, nur wenige Jahrzehnte alte Halden, sind unbewachsen und stechen aus der sie möglicherweise umgebenden Vegetation als kahle Flächen deutlich heraus. Ältere Halden können komplett zugewachsen sein, nur ihre Form und möglicherweise die veränderte Pflanzengesellschaft, sowie der evt. spärlicherer Bewuchs kann sie dann als Halde enttarnen.

neuzeitliche „Lehrbuch"-Halde

www.kaiser-geotrekking.de

Unterwegs in Werdenfels
- Band 1: Geoabenteuer

2. Suche nach Quellen oder feuchten Stellen! Oft entspringt auch einem bereits verfallenen Stollen ein kleines Gerinne, das sogenannte Berg- oder Grubenwasser. Dieses kann zu dem (ehemaligen) Stollenmundloch führen. Die Schwierigkeit ist besteht darin, ein natürliches Bächlein von einem Grubenwasserbächlein zu unterscheiden.
3. Suche nach einem auffälligen, unruhigen Relief! Tagebau ist weniger aufwändig als Untertagebau. Auch die alten Knappen bauten ein Vorkommen lieber an der Erdoberfläche als im Untergrund ab. So finden sich heute noch Stellen, die einer „Mondlandschaft" ähneln, wegen der Vegetation oft nur schwer als ehemalige Tagebaugruben zu erkennen.
4. Suche nach Pingen! Stollen, besonders im tagnahen Bereich, stürzen nach deren Aufgabe, dem Verfall preisgegeben, schnell in sich zusammen. Das von der Erdoberfläche nachsackende Material hinterlässt trichter- oder schachtförmige Löcher, die sogenannten Pingen. Manchmal finden sich regelrechte Pingenreihen, die den Grundriss eines ehemaligen Stollens an der Oberfläche heute noch nachvollziehen lassen.
5. Folge alten Knappensteigen! Oft sind jene unter diesem Namen noch heute in den Karten verzeichnet und führen zu den Stellen des ehemaligen Bergbaus. Die alten Bergleute mussten schließlich ihre Arbeitsstätten irgendwie erreichen können. Die Stollen mögen wohl verfallen sein, die Knappensteige haben sich als Pirschsteige oder Wanderwege bis heute erhalten.
6. Wenn möglich bediene dich der Methode der „Gegenhanganalyse"! Wenn ich ermittelt habe, dass sich in Hang A ein Bergwerksobjekt befindet, war es schon manches Mal sehr hilfreich, zunächst den gegenüberliegenden Hang B zu ersteigen. Ausgerüstet mit einem guten Fernglas lässt sich so der zu untersuchende Hang A von gegenüber fernerkunden. Spuren des alten Bergbaus können so unter Umständen deutlicher zu erkennen sein, als wenn man wortwörtlich darauf steht.

Unterwegs in Werdenfels
- Band 1: Geoabenteuer

7. Schlussendlich lohnt es sich auch, sogenannte „Zeigerpflanzen" bestimmen zu lernen. Diese zeigen bestimmte Mineralien im Boden an und dienten schon den alten Bergleuten zum Auffinden von Erzlagerstätten. Den Bergwerkshistoriker heute unterstützen sie beim Wiederauffinden des alten Bergbaus. Stellvertretend für eine große Anzahl solcher Zeigerpflanzen seien die wohl bekanntesten genannt: Taubenkropf Leimkraut (Silene vulgaris) und das Gelbe Galmei-Veilchen (Viola calaminaria), dessen Name schon auf seine besondere Beziehung zu Metall hinweist.

All diese Faktoren können helfen ein altes Bergbaurevier zu verorten. Wohlgemerkt, die teils sehr kleinen Bergbaueinrichtungen sind oft hunderte Jahre alt. Der Zahn der Zeit hat an ihnen genagt. Die Schwerkraft ließ viele unterirdische Anlagen einstürzen, die Erosion verschüttete so manches Stollenmundloch und verbarg es für die Ewigkeit. Die Flora erobert die durch den Bergbau geschlagene Wunde zurück und gleicht das Aussehen der ehemaligen Abbaustätte der Umgebung an. Viele erfolglose Exkursionen sind oft nötig, um irgendwann zum Fund zu gelangen. Mir hilft immer, viele Photos zu schießen. Zu Hause am PC lässt sich das Photographierte auswerten und neue Suchstellen für eine evt. notwendige Folgeexkursion eruieren, die dann hoffentlich fundträchtig endet.

INFO Bergmannssprache – ein kleines Lexikon

Befahren	Begehen eines Stollens
Firste	Stollendecke
Geleucht	Lampe des Bergmanns
Sohle	Stollenboden
Ulm	Seitenwand des Stollens

---

www.kaiser-geotrekking.de

Unterwegs in Werdenfels
- Band 1: Geoabenteuer

Ein paar Worte zum Thema Sicherheit

Bergwerke sind künstliche Objekte, die anders als Naturhöhlen oft einsturzgefährdet sind. Um die Sicherheit der Knappen während des Abbaus zu garantieren, wurde viel Zeit und Mühe investiert, um gefährliche Stollenabschnitte zu verbauen, d.h. mit Holzeinbauten abzustützen. Diese Verbauungen mussten in regelmäßigen Abständen erneuert werden, denn das Holz wurde im feuchten Untertageklima schnell morsch. Nach Aufgabe des Abbaus wurden die Stollen sich selbst überlassen. Die Einbauten vermoderten und mancher Stollen stürzte ein. Um heute das Risiko bei der Befahrung kalkulierbar zu machen ist es notwendig, das Erscheinungsbild eines Stollens interpretieren zu können. Hierzu einige Richtlinien:

1. Keinen Stollen betreten, der schon teilweise verstürzt ist. Auch wenn aus der Firste gebrochenes Material auf der Stollensohle liegt ist dies ein Hinweis auf den bereits begonnenen habenden Verfall. Große Gefahr!
2. Keinen Stollen betreten, dessen Wände „gebräch" [Anm. d. Autors: von „gebrechlich"] wirken. Gebräche Gesteinspartien erkennt man daran, dass sie brüchig und mürbe aussehen und in kleine Stücke zerfallen.
3. Einen soliden Stollen dagegen erkennt man am massigen, homogenen Gestein, das in keiner Weise gebrochen oder zerrüttet ist.
4. Alte, morsche Stolleneinbauten gewähren keine Sicherheit mehr! Wegbleiben!
5. Es ist ein Irrglaube zu meinen, die Gefahr sei tief im Berg am größten. In der Tat besteht die größte Einsturzgefahr in den tagnahen Eingangsbereichen, wo das Gestein oft brüchig wird. Schuld daran ist der Richtung Oberfläche abnehmende Druck im Berg. Das Gestein beginnt förmlich „aufzuatmen", dabei

Unterwegs in Werdenfels
- Band 1: Geoabenteuer

    entstehen Risse und Spalten, Gesteinspakete trennen sich voneinander und werden instabil.

6. Besondere Vorsicht ist bei der Befahrung von Schächten geboten. In diesen finden sich oft noch morsche Einbauten oder Infrastruktur von verrotteten Aufzügen, die dann wie ein Damoklesschwert über dem Befahrer pendeln.
7. Achte sorgfältig auf die Stollensohle! Es kann vorkommen, dass Schächte mit einer Art hölzernen Falltür verschlossen oder einfach mit Brettern abgedeckt wurden, die heute selbst unter Schutt verborgen liegen und somit unsichtbar sind. Das morsche Holz kann möglicherweise das Gewicht des Bergwerkforschers nicht mehr tragen und wird zur tödlichen Falle. Hier hilft nur das Studieren eines hoffentlich vorhandenen Bergwerkplanes oder Seilsicherung.
8. Das Wichtigste zum Schluss: Keimen irgendwelche Zweifel auf, ob der Stollen noch hält, dann unbedingt diesem Bauchgefühl gehorchen und die Sache abbrechen.

Niemals ohne die ABC-Ausrüstung unter Tage!

Helm

Geleucht

Rettungsdecke

Unterwegs in Werdenfels
- Band 1: Geoabenteuer

massive Gesteinspakete - sicher

tektonisch stark zerrütteter Fels - unsicher („gebräch")

www.kaiser-geotrekking.de

Unterwegs in Werdenfels
- Band 1: Geoabenteuer

Teil I - Vergessene Bergwerke Region Isartal / Walchensee

Unterwegs in Werdenfels
- Band 1: Geoabenteuer

Eine kuriose Montanhistorie – der Quecksilberstollen am Walchensee

---

INFO Quecksilber

Quecksilber (Hg) ist ein ungewöhnliches Metall und neben Brom das einzige Element, das unter Normalbedingungen flüssig ist. Der Name Quecksilber bedeutet so viel wie „lebendiges Silber" und ist dem Menschen bereits seit prähistorischer Zeit bekannt. Im Altertum führte seine Toxizität zu schlimmen Folgen, denn dem Quecksilber wurde fälschlicherweise Heilwirkung nachgesagt. Das Metall kann in der Natur in Reinform vorkommen, meist findet man es allerdings als Mineral in Form von Zinnober (HgS). Lässt man dieses mit Sauerstoff reagieren (sog. Röstverfahren) gewinnt man reines Quecksilber. Daniel Gabriel Fahrenheit entwickelte um 1720 das erste Quecksilberthermometer, heute wird in Thermometern allerdings, durch EU-Gesetz geregelt, auf ungiftige Stoffe zurückgegriffen, z.B. auf Alkohol oder Galinstan, einer Legierung aus Gallium, Indium und Zinn.

Irgendwo am idyllischen Ufer des Walchensees befindet sich das unscheinbare Mundloch eines Bergbaustollens, aus dem eine kleine Quelle entspringt. Hunderte Touristen fahren zur Ferienzeit an warmen Sommertagen wenige Meter daran vorbei ohne sich bewusst zu sein, was sie links liegen lassen - oder rechts, je nach Fahrtrichtung. Auch unter Einheimischen ist der Stollen meist unbekannt und nur Wenige wissen, dass dort einst angeblich Quecksilber abgebaut worden sei. Aus diesem Grund ist das Objekt auch unter dem Namen Quecksilberstollen in die Fachliteratur eingegangen. Im Winter 2008/09, als Schnee und Eis den Weg zu den meisten anderen meiner Forschungsobjekte versperrten, bot sich an, den Quecksilberstollen ausführlich zu untersuchen. Ziele der Forschungen waren die Klärung der Vortriebstechnik im zweiten, hinteren Stollenabschnitt, die in der Recherche aufgrund Unregelmäßigkeiten Fragen aufwarf, eine ausführliche Photodo-

Unterwegs in Werdenfels
- Band 1: Geoabenteuer

kumentation, die Suche nach Artefakten und selbstredend, die Suche nach Quecksilber oder zumindest Spuren davon.

Auf der Fahrt zum Walchensee rekapitulierte ich noch einmal die Ergebnisse der Recherche in den Archiven: Demnach hatte man 1797 begonnen, nachdem etwa 10m oberhalb des Walchensees in einer Quelle bereits in den Jahren 1783 und 1795 mehrere Pfund Quecksilber gefunden worden waren, einen Stollen aufzufahren. 1799 war der Stollen im händischen Betrieb [Anm. d. Autors: händischer Betrieb = mit Hammer und Meißel ohne Einsatz von Sprengmitteln] auf knapp 43m vorangetrieben, 1803 endete bei knapp 47m der Bergbauversuch auf die kurfürstliche Verfügung vom 17.12.1803 hin. Doch bei der Längenangabe von 1803 keimten, wie schon erwähnt, Zweifel in mir auf. Demnach wären von 1799 bis 1803 lediglich 4m weiterer Strecke entstanden? Aus jener Zeit stammt auch ein Inventar des Bergbaus, der im Folgejahr an den Revierjäger und Forstwart Wolfgang Heiss verkauft wurde. Was dann bergbautechnisch geschah ist unbekannt. Heute präsentiert sich der Stollen mit einer Gesamtlänge von 120m! Ab dem etwa 45. Stollenmeter wurde dieser, im Gegensatz zum vorderen Abschnitt, angeblich mittels Bohren und Sprengen vorgetrieben. Diese Zweiphasigkeit des Vortriebs ist interessant. Auf welche Zeit datiert die zweite Bauphase? Bergbauexperte Professor Krumm schließt auf Grund der glatten, kreisrunden Wandung der Bohrlöcher auf einen maschinellen Bohrbetrieb. Das würde eine Datierung ab der zweiten Hälfte des 19. Jahrhunderts zulassen, in der die Presslufthammer-Bohrtechnik entwickelt wurde. Krumm denkt allerdings an eine Datierung ins 20. Jahrhundert, evt. an eine Prospektionsbohrung im Zusammenhang mit dem Bau des Walchenseekraftwerks, an mögliche Schutzraumbauten, notwendig geworden durch den Zweiten Weltkrieg [Anm. d. Autors: Der Stollen befand sich damals im Besitz der Familie Baldur und Henriette von Schirach (Reichsjugendführer), die oberhalb des Stollens ein Ferienhaus besaß.] oder an Arbeiten, die mit der Erschließung des Stollens zur zeitweisen Trinkwasserversorgung einhergingen. Mir erscheint ein Stollenvortrieb auf seine aktuelle Länge zwischen dem 25.10.1799 (Bestandsaufnahme von Flurl) und dem 17.12.1803 wahr-

Unterwegs in Werdenfels
- Band 1: Geoabenteuer

scheinlicher, denn das Inventar von 1803 weist mit „*52 (!) Böhrern, Raumnadeln (2) und Raumkrazzern (2)*" eindeutig auf Sprengarbeiten hin. Daten sinngemäß übernommen aus (1).

Aus der Fachliteratur war mir bekannt, dass der Stollen häufig hüfthoch unter Wasser stünde, schuld daran sei eine kleine Staumauer, wenige Meter hinter dem Eingang. Entsprechend wassertauglich und wasserdicht wurde die Ausrüstung gewählt: brusthohe Angler-Wathosen und Neoprenanzüge, Unterwassermetalldetektoren, Unterwasserkameras. Alle anderen Ausrüstungsgegenstände wasserdicht in Weithals-Schraubgefäßen und Tupperwareboxen sicher untergebracht.

Die erste Befahrung gestaltete sich sehr schwierig. Murphy's law schlug zu und präsentierte die unangenehmste, nasseste Version des Quecksilberstollens. Ein ansehnliches Bächlein entsprang dem Mundloch.

Eingang ins Quecksilber-Bergwerk – Beginn der Wasserspiele

Das nächste Hindernis, eine knietiefe Pfütze schon gleich hinter dem Eingang. Kein Zweifel, man war nicht

www.kaiser-geotrekking.de

Unterwegs in Werdenfels
- Band 1: Geoabenteuer

overequipped unterwegs. Die Staumauer wenige Meter weiter brachte die letzte Gewissheit, dass die Befahrung ein feuchtes Vergnügen werden würde: hinter der Mauer hüfthoch Wasser! Obwohl der Stollen bis zu seinem Ende befahren wurde, war an diesem Tag klar, dass die geplanten Untersuchungen nicht durchführbar sein würden. Nach einer trockenen Frostperiode startete der zweite Befahrungsversuch, diesmal zusätzlich ausgerüstet mit einem 36m-Heberschlauch, Durchmesser 30mm. Mit diesem sollte mittels Hebertechnik der Stollen kurzzeitig trocken gelegt werden. Dies gelang verhältnismäßig schnell, weil in der Zeit seit der letzten Befahrung auch hinter der Staumauer die Wasseroberfläche auf Kniehöhe gesunken war. Dieses Restwasser konnte mit Hilfe des Schlauches in nur zwei Stunden soweit gesenkt werden, dass Untersuchungen an der Gangsohle möglich wurden.

INFO Hebertechnik

Die Hebertechnik beruht auf dem physikalischen Phänomen, dass Wasser der Schwerkraft gehorchend selbständig durch einen Schlauch abfließt, sofern nur das Schlauchende tiefer liegt, als die Ansaugöffnung. Dabei ist die Lage des restlichen Schlauches egal, so konnten im vorliegenden Fall das Wasser über die Mauer abgeleitet werden. Dabei wurde zunächst der komplette Schlauch mit Wasser gefüllt, danach die beiden Enden verschlossen und der Schlauch in eine Lage gebracht, die garantiert, dass das Auslaufende tiefer als das Einlaufende liegt. Ist sichergestellt, dass sich das Einlaufende unter Wasser befindet, kann man die Schlauchenden öffnen. Im Idealfall genügt der Sog der ausfließenden Wassers, das pumpenlose Entwässerungssystem am Laufen zu erhalten.

Eine im Falle heftiger Niederschläge aus einer Kluft in der Firste schüttende kleine Quelle auf nahezu halber Stollenlänge (Stollenmeter 58,5m) machte noch etwas Probleme, denn sie hatte einen Sand- und Schuttwall von etwa 50cm Mächtigkeit über der ursprünglichen Stollensohle sedimentiert und so

Unterwegs in Werdenfels
- Band 1: Geoabenteuer

das Wasser im hinteren Höhlenteil auch bei dem herrschenden Niedrigwasserstand aufgestaut. Es gelang mittels Klappspaten einen Drainagekanal zu graben und den Wasserstand in den tagfernen Abschnitten um gut 15cm zu senken. Somit war der Stollen über seine gesamte Länge für die Forschungsarbeiten vorbereitet.

Die erste Überraschung bot sich gleich hinter der Staumauer. Eine Teuchel auf der Gangsohle!

INFO Teuchelrohrleitung

Als Teuchel bezeichnet man eine aus längs durchbohrten Baumstammstücken von etwa drei bis vier Meter Länge ineinandergesteckte Holzrohrleitung. Bevorzugt wurde verrottungsträges Lärchenholz verwendet. Diese Holzrohrleitungen waren bis in die zweite Hälfte des 20. Jahrhunderts in Gebrauch. Die Stadt Salzburg hatte eine solche Holzrohrleitung sogar bis 1976 in Betrieb!

Die Teuchelrohrleitung

Unterwegs in Werdenfels
- Band 1: Geoabenteuer

Hochwasser im Quecksilberstollen

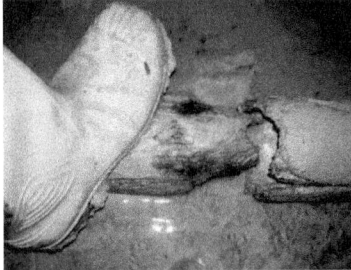

Teuchelsteckverbindung   Der alte Bohrmeißel passt!

Kristallklares Wasser in einer der Quellspalten

www.kaiser-geotrekking.de

Unterwegs in Werdenfels
- Band 1: Geoabenteuer

Die Teuchel beginnt hinter der Staumauer bei Stollenmeter 38,2 und reicht bis Stollenmeter 56,6. Wohlgemerkt ragt sie damit 10m in die durch Sprengung entstandenen Stollenabschnitte hinein und verliert sich in der sedimentbedeckten Sohle im Bereich der Stollenmitte. Die Holzrohrleitung kann als zur ehemaligen Trinkwasserversorgung gehörige Infrastruktur erachtet werden und datiert wahrscheinlich vorindustriell. Möglicherweise war sie bis Mitte der 50er Jahre in Gebrauch, laut Auskunft des Wasserwirtschaftsamtes Weilheim wurde um diese Zeit die neue Wasserversorgung erschlossen und man war nicht mehr auf das Trinkwasser aus dem Stollen angewiesen.

Die Verbindung von Quecksilber und Trinkwasser ist wohl das erste Kuriosum des Stollens. Das zweite erwartete den Besucher bei Stollenmeter 28,0, 30,7 und 49,5. Dort stößt Wasser aus der Tiefe in Quellspalten an der Stollensohle auf. Die Tiefe dieser Quellspalten beträgt um die 1,6m. Diesen Quellen wird der Hochtransport des Quecksilbers aus den Tiefen des Gebirges nachgesagt. Die Schüttung der Quellen ist wohl eher als gering einzuschätzen (bei Normalwasserstand um die 0,3l/sec), das ist auch der Grund, weshalb im Zusammenhang mit der Stollennutzung als Trinkwasserquelle bei Stollenmeter 16,7 ein luftseitig 1,1m hohes Wehr gebaut wurde, wahrscheinlich um schüttungsarme Zeiten zu überbrücken, so steht das Wasser nach entsprechend starken Niederschlägen hinter dem Wehr gut hüfthoch oder fließt sogar über die Staumauer. In der Regel genügen allerdings zwei kleine Rohre, Durchmesser 60mm (das obere) und 40mm (das untere) im unteren Bereich des Wehrs, die Schüttung der Quellen ins Freie abzuleiten.

Diesen Quellen galt die besondere Aufmerksamkeit, denn hier waren die größten Chancen, Quecksilber zu finden. Die empfindlichen Metalldetektoren blieben stumm. Nicht die Spur von Quecksilber.

Also wurde weiter gesucht. Der nächste Hotspot für die Quecksilbersuche war der Bereich gleich hinter der Staumauer. Das schwere Quecksilber müsste sich dort absetzen. Ein

Unterwegs in Werdenfels
- Band 1: Geoabenteuer

Münchener Höhlenforscher hatte an dieser Stelle vor einigen Jahren nach eigenen Angaben Quecksilber gefunden. Aufgrund der Eisenelemente in der Staumauer konnten die Metalldetektoren an dieser Stelle nicht eingesetzt werden. Deshalb wurde das Sediment in mühsamer Handarbeit in flachen Schüsseln in einer dem Goldwaschen ähnlichen Technik untersucht. Kein Quecksilber. Doch dann - zweifellos - ein Metallobjekt. Quecksilberamalgam?

INFO Bohren mit Hammer und Meißel

Vor Einsatz von Pressluftbohrern mussten die Bohrlöcher in den Bergwerken mittels Hammer und Meißel geschlagen werden. Man verwendete dazu etwa 1m lange, geschmiedete Flachmeißel. Während der eine Knappe mit einem großen Hammer auf den Meißel schlug, drehte der zweite Knappe, der den Meißel festhielt, diesen nach jedem Schlag um etwa 45°. So entstand ein perfektes Bohrloch, das anschließend mit Schwarzpulver gefüllt werden konnte. Nach der Sprengung belegen in den Stollenwänden überdauernde „Bohrpfeifen" – halbrund/längliche Reste der Bohrlöcher, die Verwendung dieser Vortriebstechnik.

Meißel nach der Restaurierung.

www.kaiser-geotrekking.de

Unterwegs in Werdenfels
- Band 1: Geoabenteuer

Vor Ort konnte das Objekt nicht identifiziert werden. Das war etwas für die Laborarbeit zu Hause. Nachdem hinter dem Wehr keine weiteren Metallspuren mehr gefunden wurden, wurde der restliche Stollen sondiert. Flüssiges Quecksilber konnte allerdings nirgends aufgespürt werden. Da die Stollensohle auf ihre komplette Länge unter Wasser steht, ist eine genaue Suche mit den Augen durch die beim Laufen aufgewirbelten Feinsedimente nahezu ausgeschlossen, so mussten die Metalldetektoren die Suche übernehmen. Der Fund eines verrosteten Wehrmachts-Benzinkanisters beeindruckte nicht, als wenig später zwei Eisenstangen geortet und geborgen wurden, war klar – ein Volltreffer! Zwei alte Bohrmeißel! Wenn sie in die Bohrlöcher passen würden, wäre die Art des Vortriebs geklärt! Und sie passten genau. Abgesehen von den Hinweisen auf Sprengtätigkeit mit Bohrlöchern in Handarbeit durch das im Inventar von 1803 aufgelistete Werkzeug, zeigt das von Hammerschlägen aufgepilzte Hinterende des einen Meißels (der zweite ist im hinteren Fünftel abgebrochen), dass Pressluftbohrer nicht zum Einsatz kamen. Diese These wird weiter durch das Fehlen jeglicher drucklufttechnischer Infrastruktur bestärkt. Diese war nur in großen, rentablen Bergbaubetrieben finanzierbar und sinnvoll. In kleineren Bergbaubetrieben, wie dem Untersuchungsobjekt, kam kein Presslufthammer zum Einsatz. Handarbeit pur, vom ersten bis zum letzten Stollenmeter. Die geschmiedeten Bohrmeißel sind einen knappen Meter lang und an der Flachschneide 25mm breit.

Auf Grund der Indizien aus der Inventarliste, der gefundenen Handbohrmeißel und der Existenz einer Teuchelrohrleitung im betreffenden Stollenabschnitt bestätigt sich die Theorie, dass die Entstehung des zweiten Stollenteilstücks in vorindustrielle Zeit datiert. Eine genauere zeitliche Eingrenzung als zwischen 25.10.1799 (Flurl) und dem Ende des 19. Jahrhunderts ist beim jetzigen Stand der Forschungen nicht möglich. Die fragliche Stollenstrecke entstand aber auf jeden Fall noch vor 1900. Die Theorien von Krumm (1992) kann als widerlegt erachtet werden.

Unterwegs in Werdenfels
- Band 1: Geoabenteuer

Sorgfältigst wurde die Gangsohle nach weiteren Artefakten durchsucht. Hinter dem Stauwehr fanden sich die stark verrotteten Reste einer grobgezimmerten Türe, die beiden dazugehörigen, geschmiedeten Scharnierblätter konnten ebenfalls gefunden werden und verblieben im Stollen. Kurz hinter dem Stollenmundloch und am Stollenende fanden sich, wie schon erwähnt, zwei stark verrostete Kraftstoffkanister mit der Einprägung „Wehrmacht". Eine Zinkwanne im vordersten Stollenbereich und mehrere stark korrodierte Blechdosen oder kleine Blecheimer mit weißer Innenbeschichtung fanden sich in verschiedenen Stollenabschnitten. Bis auf eine Stelle, bei Stollenmeter 38, ist der Stollen ohne Verbauung.

Und was ist mit Quecksilber? Nirgends im Stollen konnte Quecksilber nachgewiesen werden. Die Kontaktierung des Münchener Höhlenforschers, der seinerzeit Quecksilber hinter dem Stauwehr nach eigenen Angaben hatte finden können, blieb ergebnislos. Er zeigte sich sehr unkooperativ und wimmelte die Fragen ab. Stimmt etwas nicht an seiner Version der Geschichte? Endgültige Gewissheit sollte die Analyse des gefundenen Metallobjekts bringen. Schließlich könnte es sich dabei um Quecksilberamalgam oder aber auch ganz simpel um die Reste eines krepierten Bleigeschosses handeln.

Die Ermittlung der Dichte des 30mm langen Fundstücks sollte Klarheit bringen. Begründet in der geringen Masse der Probe war die Dichtebestimmung sehr diffizil durchzuführen. Auf größtmögliche Genauigkeit achtend, wurde sowohl die Gewichts- als auch Volumenmessung mit je zwei unterschiedlichen Instrumenten durchgeführt, um die Messergebnisse gegenzuchecken. Die geringe Abweichung der Messergebnisse von nur +1,08% im Vergleich zur Dichte von Blei lässt die Wahrscheinlichkeit, dass es sich bei der Probe auch tatsächlich um Blei handelt, sehr groß sein. Die Gewichtsklasse ließe auf ein Pistolengeschoss des Kalibers 9mm Luger (ehemals Parabellum) spekulieren.

Auch diesmal kein Quecksilber. Die Frage liegt nahe, ob denn in dem Bergwerk überhaupt einmal Quecksilber gefunden worden war? Die erwähnten „mehrere Pfund Quecksilber" in

www.kaiser-geotrekking.de

Unterwegs in Werdenfels
- Band 1: Geoabenteuer

der Quelle, die 1783 und 1795 gefunden worden sein sollen, könnten auch gänzlich anderen Ursprungs sein. War man einem Mythos aufgesessen?

Spurensuche im Grubenfeld Joseph

INFO Bitumenschiefer – schwarzes Gold

Bitumenschiefer, auch als Ölschiefer bezeichnet, ist ein im Hauptdolomit verhältnismäßig häufig vorkommender, durch Sedimentation von Faulschlamm vor etwa 215 Mio. Jahren entstandener Rohstoff. Durch Erhitzen des Bitumenschiefers wird Steinöl gewonnen, eine Substanz, die wegen ihrer Heilkraft geschätzt ist. Im Ölschieferwerk Maximilianshütte in Reith bei Seefeld in Tirol wird heute noch Steinöl gebrannt, allerdings nicht mehr aus vor Ort abgebautem Bitumenschiefer, sondern aus importiertem. Am Achensee betreibt die Familie Albrecht noch einen Tagebau auf Ölschiefer und gewinnt bzw. vermarktet das in Eigenregie hergestellte Steinöl zu Kosmetika und diversen Heilmitteln.

„Joseph" war die südwestlichste Mutung der Ölschieferwerke Karwendel GmbH mit Sitz in Krün. Hier wurde nach dem Zweiten Weltkrieg der im Hüttlegraben anstehende Ölschiefer über einen Stollen und einen Schacht abgebaut. In den insgesamt neun Mutungen des Isartales zwischen Krün und Vorderriss, die sich links und rechts der Isar erstreckten, wurde nur in drei im Untertagebetrieb gefördert. Die Grube „Kurt" ist das bekannteste Beispiel dafür, der Stollen im Grubenfeld „Isarberg" bei Wallgau präsentiert sich deutlich kleiner, ein Stollen und ein Schacht im Hüttlegraben des Reviers „Joseph" sind völlig in Vergessenheit geraten. Diese beiden Relikte zu verorten und zu dokumentieren war Anlass einer Geländebegehung. Da vor Antritt der Exkursion keinerlei Informationen zur Lage der Untertageobjekte recherchiert werden konnten blieb nichts anderes übrig, als über eine Geländeprospektion die Lage der bitumenreichen Schichten zu eruieren und von diesen ausgehend auf die Lage der Abbaustelle zu schließen. Mit dieser Rückwärts-Suchtechnik hatte ich schon mehrmals Erfolg.

Ein erstes Durchsteigen des Hüttlegrabens endete mit einem zunächst eher enttäuschenden Ergebnis. Zwar konnten zahlreiche Brocken des Ölschiefers im Bachbett gefunden werden, ein ordentlicher, abbauwürdiger Flöz war allerdings nicht auszumachen. Bei etwa 960mNN konnte keinerlei Ölschiefer mehr nachgewiesen werden. Spuren irgendeiner bergbaulichen Tätigkeit wurden nicht entdeckt.

Ölschieferflöz im Felsengraben [Photo Lunzer]

Um einen Vergleich zu haben bot sich ein Besuch des nördlich benachbarten Felsengrabens (Revier „Wolfgang") an. Hier fand sich bei 1.000mNN auf etwa 20m Strecke eine Gesteinsserie mit Bitumenflözen von 1-2dm Mächtigkeit. In der Hoffnung die Fortsetzung dieser Schichten in ähnlicher Dimension auch im Hüttlegraben antreffen zu können, wurde der Hüttlegraben ein weiteres Mal aufgesucht. Zunächst die nörd-

Unterwegs in Werdenfels
- Band 1: Geoabenteuer

liche Grabenkante talwärts steigend erkundete ich mit einem Fernglas den gegenüberliegenden Hang [Anm. d. Autors: Gegenhanganalyse!] und soweit einzusehen, die steile, nördliche Grabenflanke, ohne nennenswerte Erkenntnisse. Anschließend suchte ich den Hüttlegraben im Bachbett erneut ab, diesmal mit der Intention, die Stelle der größten Bitumenhäufigkeit zu definieren. Diese fand sich im Bachbett bei etwa 950mNN, von flözähnlichen Strukturen wie im Felsengraben fehlte allerdings jede Spur. Trotzdem war die wohl wahrscheinlichste Stelle für einen Abbau im Hüttlegraben ermittelt. Doch wo lagen die Untertageeinrichtungen? Von einem Schacht und einem Stollen war die Rede gewesen. Da weder der eine noch der andere im großdimensional aufgeschlossenen Hauptdolomit der nördlichen Grabenflanke auszumachen waren, blieb noch die Option, das Gesuchte in der südlichen Flanke zu finden. Weglos wurde diese über Steilschrofen erklettert. Fund! Eine Pinge und mehrere auf etwa 20m linear angeordnete Mulden im Waldboden wiesen auf einen verstürzten Stollen hin. Der Muldenreihe zur Grabenkante folgend gelang es, die Lage des inzwischen verstürzten Mundlochs zu verorten. Eine Halde ist nicht vorhanden, der Abraum wurde wohl über die Steilflanke direkt in den Hüttlegraben gekippt. Der Abbau im Grubenfels Joseph war gefunden. Wieder einmal hatte meine „Rückwärtsmethode" Erfolg gehabt.

Siehe auch Tourenvorschlag 01!

Historischer Bergbau um Mittenwald

Mittenwald ist bekannt für den Geigenbau. Doch wer weiß heute noch, dass Mittenwald einst ein kleiner Hot Spot des frühen Montanwesens in Werdenfels war? Es war mir ein besonderes Anliegen diese versteckten Objekte im Gelände aufzusuchen, um sie zu dokumentieren und dem Prozess des Vergessenwerdens zu entreißen.

Blei, Zink, Silber, Kupfer oder sogar Gold in den heimatlichen Bergen finden? Nein, so weit wie im südlich benachbarten

Unterwegs in Werdenfels
- Band 1: Geoabenteuer

Inntal bei Schwaz und Brixlegg ließ die Heilige Barbara, Schutzpatronin der Bergleute, um Mittenwald des Bergmanns Glück nicht gedeihen. Trotzdem erlebte der Bergbau um Mittenwald in mehreren Revieren eine gewisse Blüte.

Im Grenzgebiet zwischen Mittenwald und Scharnitz befindet sich die „Franz Adolf Zeche", ein alter Abbau auf Blei- und Zinkerze, der Ende des 19. Jahrhunderts letztmalig betrieben wurde. Erhalten geblieben sind mehrere einsturzgefährdete Stollen in drei Stockwerken und eine Halde. Hier war man Blei-Zink-Erzlinsen in Riffkalken der Trias auf der Spur. In den Tagebau- und Halbtagebaubereichen im zweiten der drei Stockwerke der Anlage findet der Kundige noch heute Spuren der Vererzungen, die in sog. „Nestern" oder „Bleilinsen" auftreten und sich durch ihren metallischen Glanz deutlich vom umgebenden Muttergestein abheben. Besonders aber auf der großen Halde bestehen noch gefahrlose Fundmöglichkeiten für Mineraliensammler. Für die Stollen besteht **Betretungsverbot!**

Impression in einem alten Stollen [Photo Konopatsch]

www.kaiser-geotrekking.de

Unterwegs in Werdenfels
- Band 1: Geoabenteuer

Die Pinge verrät die Lage.   Marmorsteinbruch

in der Franz Adolf Zeche

Erzlinse   Gute Hoffnungszeche

Goldloch   Vererzung

www.kaiser-geotrekking.de

Unterwegs in Werdenfels
- Band 1: Geoabenteuer

Die „Gute Hoffnungszeche" westlich Mittenwald, im Bereich der Ferchenseewände, ist heute nur noch mit fachkundigem, geübtem und geländeerfahrenem Blick zu finden. Hier wurde ebenfalls bis Ende des 19. Jhd. auf Bleiglanz geschürft. In den beiden gut erhaltenen, einige Zehnermeter langen Stollen, sind heute lediglich Spuren von Fluorit zu entdecken. Abbauwürdiges Metall findet und fand sich wohl keines, deshalb wurde der Bergbau, wie ein zweites, weiter westlich, oberhalb des Ferchensees gelegenes Schürfgebiet, 1879 aufgegeben. Die heute noch auffindbaren Fluoritspuren im Gestein lassen jedoch wichtige Rückschlüsse auf die Vorgehensweise der ehemaligen Prospektoren zu: Sie nutzten das Fluorit als sog. „Zeigermetall".

INFO Fluorit - Zeigermetall

Fluorit, Flussspat oder auch Calciumfluorid genannt, ist ein häufig vorkommendes Mineral, das oft mit Bleiglanz und Zinkblende assoziiert ist, beides abbauwürdige Rohstoffe, denen die Knappen der Vergangenheit auf der Spur waren. Es machte also Sinn, in der Hoffnung auf diese Metalle, dem Fluorit zu folgen. Heute wird Fluorit industriell als Flussmittel zur Herstellung von Fluor und Fluorwasserstoffsäure verwendet. Auch als Schmuckstein ist Fluorit beliebt.

Östlich Mittenwald zeugt das Bergwerk am Ropfenvogel von altem, bergbaulichen Umtrieb. Der 23-Meter-Stollen ist in der Mittenwalder Chronik erwähnt und belegt frühe Bergbauversuche. Heute ist er nur noch unter ortskundiger Führung und nach Zustieg über schwieriges Schrofengelände zu finden. (siehe nachfolgendes Kapitel *„Kleinod Ropfenvogelstollen"*!)

Im Kasreitergraben findet sich ein mittenwalder Bergbaukuriosum: Die Grube „Andreasberg". Hier wurde in der Tat auf Gold geschürft, die noch heute sichtbaren Erzspuren (Eisenoxide) in den Stollenwänden sind beeindruckend, außer Fluorit und Pyrit, im Volksmund „Katzengold", war und ist hier aber nichts

www.kaiser-geotrekking.de

zu holen. Trotzdem erhielt sich bei Einheimischen der Name „Goldloch".

Zum „Goldloch" könnte der Stollen in der jüngeren Vergangenheit für einen Wilderer geworden sein. Dessen Geschäft scheint derart gut gelaufen zu sein, dass es sich für ihn lohnte, im hinteren Teil des Stollens einen Zerwirkraum [Anm. d. Autors: Zerwirkraum = Raum zum Abdecken, Auswaiden und Zerlegen von geschossenem Wild] einzurichten. Sehr schlau gemacht: Der Stollen schützt vor den Blicken des Jägers, gleichzeitig bietet das kühle Stollenklima einen Naturkühlschrank, in dem Wildbret tagelang gelagert und abgehangen werden kann ohne durch Verderben Schaden zu nehmen.

ungewöhnlicher Zerwirkraum

Der etwa einen Kilometer weiter nördlich liegende Marmorsteinbruch war wohl der erfolgreichste mittenwalder Bergbau und ist heute eine häufig besuchte Sehenswürdigkeit für geologisch Interessierte. Schon im Jahr 1562 wurde dort im Marmorgraben am Marbelegg ein sehr schöner, seltener, roter Marmor im Tagebau gebrochen. Herzog Albrecht von Bayern

Unterwegs in Werdenfels
- Band 1: Geoabenteuer

ließ diesen wertvollen Stein auf Flößen die Isar hinab nach München schaffen, wo er bei Residenz- und Kirchenbauten Verwendung fand.

Siehe auch Tourenvorschlag 02!

INFO Marmor

Marmor ist ein sog. metamorphes Gestein, was so viel wie „Umwandlungsgestein" bedeutet. Ausgangsmaterial ist ein Kalk- oder Dolomitgestein, das in den Tiefen der Erdkruste durch Hitze und Druck zu Marmor umgewandelt wird. Stoffliche Beimengungen in den Ausgangsgesteinen führen zu dem typischen Dekor, der sog. „Marmorierung". Marmor kommt in verschiedenen Farben vor: schwarzgestreift, gelb, grün, rosa, rot und weiß. Besondere Berühmtheit erlangte der weiße Marmor aus Carrara, Italien.

Kleinod Ropfenvogelstollen

Wie im vorhergehenden Kapitel erwähnt zeugt das Bergwerk am Ropfenvogel von altem, bergbaulichem Umtrieb. Die Lokalität „Ropfenvogel" ist über den Leitersteig zu erreichen und liegt etwa 400 Höhenmeter oberhalb Mittenwald in der steilen Westflanke des Karwendelgebirges.

Der Ropfenvogelstollen ist meiner Meinung nach der schönste Stollen in ganz Werdenfels. Nicht seine Länge von beachtlichen 23m, die in mühevoller Handarbeit in den Felsen getrieben wurden, macht ihn dazu, sondern seine außergewöhnliche Lage. Versteckt in Latschen, nahe einer wildromantischen Steilrinne, öffnet sich das Mundloch des Stollens, das erst nach einer kleinen Kletterei durch steiles Schrofengelände zu erreichen ist. Die Aussicht über Mittenwald bis weit in den Wetterstein hinein ist atemberaubend. Dazu gesellt sich noch

Unterwegs in Werdenfels
- Band 1: Geoabenteuer

eine kleine Sensation: Die untergehende Sonne leuchtet genau in den Stollen hinein und erhellt ihn in kraftvollen Farben!

Der erste Stollenabschnitt ist ungewöhnlich hoch. Die alten Knappen sind hier einer erzhaltigen, steilstehenden Störung im Gestein gefolgt. Ziemlich geradlinig folgt der Stollen im weiteren Verlauf dieser Störung in den Berg. An Firste und den Ulmen finden sich immer wieder Spuren von Vererzungen, der Bergbau scheint sich einst wohl gelohnt zu haben. Am Ende des Stollens belegen schöne Schrämspuren die Vortriebsmethode: Hammer und Meißel, reine Handarbeit.

Oftmals wurden Bergbaue sehr schnell aufgrund von Unrentabilität wieder aufgegeben. Der ursprüngliche Bergwerksbetreiber verkaufte niedergeschlagen vom montanen Misserfolg die Schürfrechte weiter. Dem Nachfolger, der mit neuem Antrieb und neuen Hoffnungen den Bau fortsetzte, ging es in der Regel nicht anders. Ein Kreislauf von Hoffnung und Ernüchterung.

Anders war es beim Bau am Ropfenvogel. Dieser galt als durchaus vielversprechend, berichten doch die Chroniken von 70 Pfund Blei auf einen Zentner Bleierz. Hier waren es die Politik und die Zeitumstände, die das Ende dieses Bergbaus erzwangen. Durch die Wirren des Dreißigjährigen Krieges war an ein Fortsetzen des Bergbaus nicht mehr zu denken. Als Anfang des 18. Jhd. der Bergbaubetrieb neuerlich aufgenommen wurde, war es der Spanische Erbfolgekrieg, der den Fortgang des aussichtsreichen Unternehmens be- und schließlich verhinderte.

In unmittelbarer Nähe des Stollens befindet sich ein zweiter, sehr kleiner Versuchsstollen, eine prima Hütte für den Grubenhund.

Unterwegs in Werdenfels
- Band 1: Geoabenteuer

Ropfenvogelstollen in der untergehenden Sonne
Die hochaufgeschwungene Firste verbunden mit der schmalen horizontalen Ausdehnung des Stollenprofils weist darauf hin, dass einer Kuftvererzung gefolgt wurde.

Versuchsbau am Ropfenvogel

www.kaiser-geotrekking.de

Unterwegs in Werdenfels
- Band 1: Geoabenteuer

Mundloch des Ropfenvogelstollens

Schrämspuren am Ende des Ropfenvogelstollens

Unterwegs in Werdenfels
- Band 1: Geoabenteuer

Teil II - Vergessene Bergwerke Region Loisachtal

Unterwegs in Werdenfels
- Band 1: Geoabenteuer

Zeche Garmisch

„1793 entdeckten die beiden Garmischer Johann Roman Reiser und Joseph Schmid am Griesberg (!) westlich des Kramers einen „Steinkohlenbruch". Dieses vermeintliche Steinkohlenvorkommen war in Wirklichkeit eine Ölschiefer-Lagerstätte, die ab 1901 abgebaut und 1918/19 unter dem Namen „Garmisch-Zeche" durch mehrere Stollen aufgeschlossen wurde." so schreibt Peter Schwarz. (2)

Die Suche begann nach erprobter Methode, zunächst in Bachbetten nach Ölschieferspuren Ausschau haltend, um das Vorkommen einerseits zu bestätigen, andererseits auch einzugrenzen und hoffend, im besten Fall einen in die Grabenflanken ausbeißenden Flöz zu finden. Ein solcher müsste zwangsläufig zur Abbaustelle leiten. Sowohl im Zieggraben als auch in der Beistallaine wurden wir fündig und konnten etliche Brocken Ölschiefer nachweisen. Von einem Ausbiss fehlte allerdings jede Spur. Aus der geologischen Literatur geht hervor, dass sich die bituminösen Schichten in unserer Region in den unteren Bereichen des Hauptdolomits befinden. Die Höhenangabe 1.000mNN ist dabei eine ungefähre, die Suche leitende Angabe. So stiegen meine Frau und ich über einen alten, verwachsenen Steig in den Südhang der Hohen Ziegspitz ein. Waren wir auf einem alten Knappensteig unterwegs? Der grandiose Ausblick auf das gegenüberliegende Zugspitzmassiv begleitete uns.

Bei nahezu genau 1.000mNN querte ein deutliches Weglein unseren Steig. Diesem folgten wir wenige Meter um dann unvorhergesehen, mitten im Wald, vor einem Stollenmundloch zu stehen. Hier? Kommissar Zufall hatte zugeschlagen und uns an die richtige Stelle geführt. Unsere Verwunderung war sehr groß, ließ doch der dichtbewachsene Waldboden keinerlei Rückschlüsse auf die Werte darunter zu. Hatte man hier auf gut Glück gegraben? Wir konnten uns keinen Reim darauf machen. Die Erklärung für die ungewöhnliche Lage des Stollens sollte sich erst bei einer späteren Untersuchung des Gebietes ergeben.

Unterwegs in Werdenfels
- Band 1: Geoabenteuer

Der nur wenige Meter in den Berg reichende Stollen präsentierte sich gut erhalten. War er aus Prospektionsgründen angelegt worden? Das würde auch seine ungewöhnliche Lage inmitten der Botanik erklären. Millimeterdünne Bitumenschichtchen konnten wir nachweisen, auf keinen Fall abbauwürdige Flöze, der Bergbauversuch wäre an dieser Stelle wohl als gescheitert zu betrachten, trotzdem, die Zeche Garmisch oder zumindest ein Teil davon war somit gefunden.

Halde der Zeche Garmisch

Doch die für uns unerklärliche Lage des Stollens und sein Charakter als Probegrabung ließen uns keine Ruhe. Wo hatte der eigentliche Abbau stattgefunden? Wieder einmal stoppte der Winter unsere Geländearbeiten, aber sobald im Frühjahr die Hänge aper wurden, stiegen wir ein weiteres Mal zur Zeche Garmisch auf. In Sichtweite voneinander entfernt durchkämmten wir den Berghang. Überraschend schnell fanden sich mehrere vertikal verlaufende, künstlich angelegte Gräben, die ihrerseits horizontale, oft parallel angelegte Gräben kreuzten. Sondierungsgrabungen! Hier hatten die alten Knappen die geringmächtige Bodenschicht bis zum anstehenden Gestein

Unterwegs in Werdenfels
- Band 1: Geoabenteuer

abgetragen um nach ausbeißenden Bitumenschieferflözen zu suchen. An etlichen Stellen fanden sich solche Ausbisse. Den Sondierungsgräben folgend stiegen wir immer höher und standen schließlich am Fuß einer deutlich sich abzeichnenden Schutthalde. Das musste das Herz der Zeche Garmisch sein. Und richtig, rundherum fanden sich Halden vom einstigen Tagebaubetrieb, und als Krönung, eine langgezogene Pinge, die die Lage eines einst mächtigen Stollens verriet. Das also war das ehemalige Grubenfeld der Zeche Garmisch. Gewaltig! Bei der anschließenden Auswertung unserer aufgenommenen Vermessungsdaten zuhause, fand sich nun auch die Erklärung für die ungewöhnliche Lage des von uns bei der ersten Suche gefundenen Stollens: Dieser liegt 50 Höhenmeter unterhalb des Grubenfeldes, genau in dessen Falllinie. Mit großer Wahrscheinlichkeit handelt es sich um einen angefangenen Unterfahrungsstollen, um das Vorkommen in der Tiefe auszubeuten. Da dieser Stollen im Gegensatz zu dem höher liegenden noch nicht verbrochen ist, datieren wir ihn jünger. Mit einiger Gewissheit wurde er in der Endphase des Bitumenabbaus in der Zeche Garmisch aufgefahren und nicht mehr vollendet.

Wie mochte die Situation wohl im Gebiet der westlich benachbarten Beistallaine aussehen, in deren Bachbett wir ebenfalls Bitumenschiefer nachgewiesen hatten? Die 1.000mNN anstrebend arbeiteten wir uns weglos durch das wildromantische Bachbett der Beistallaine, monströse Verklausungen mussten umklettert werden. Das Steilschrofengelände erschwerte die Arbeit.

Eine den Graben querende tektonische Störung in Höhe des vermuteten Ölschiefervorkommens ließ uns aufmerken. Nach allen Regeln der alten Prospektoren hätte man hier sondieren müssen. Und richtig! Wenige Meter oberhalb des Bachbetts konnten ein Probestollen ausgemacht werden, der Nachweis für Bergbauumtriebe auch in diesem Bereich war gelungen. Hinweise auf Abbautätigkeit konnten allerdings nicht erbracht werden.

Siehe auch Tourenvorschlag 03!

Unterwegs in Werdenfels
- Band 1: Geoabenteuer

Zeche Garmisch — Stollen Beistallaine

Verklausung — Blick aus dem Poyßlstollen

Schacht Hupfleitenkessel — Waxensteinstollen

www.kaiser-geotrekking.de

Unterwegs in Werdenfels
- Band 1: Geoabenteuer

Altbergbau hoch über Hammersbach

"Hart am Eingange in das grausige Höllenthal liegt Hammersbach ein Weiler mit 6 Häusern und 41 Einwohnern. Seinen Namen hat er von dem Eisenhammerwerke erhalten welches an der Offenlain 200 Schritt oberhalb des Dorfes errichtet worden war; die Rudera [Anm. d. Autors: rudera (lat.) = Trümmer] *dieser Eisenschmelze sind noch deutlich bemerkbar."* (3)

Mit diesen Worten beschreibt Johann Baptist Prechtl das Dorf am Eingang in das Höllental in seiner Chronik der Grafschaft Werdenfels von 1850 und bringt damit die enge Verknüpfung von Hammersbach, dem Bergbau und der Erzerzeugung zum Ausdruck. Der Bergbau auf Molybdän bis in die erste Hälfte des 20. Jahrhunderts ist vielen noch im Gedächtnis, zeugen doch die grandios gelegenen Knappenhäuser auf dem schmalen Steig von der Höllentalangerhütte zum Hupfleitenjoch von der Montanhistorie des Höllentals. Weitgehend unbekannt sind dagegen die im Bereich der Hammersbacher Alm gelegenen uralten Baue auf Eisenerz. Dort, im Dreieck zwischen Längenfeld, Hupfleitenjoch und Hammersbacher Alm, gehen die Bergbauaktivitäten in der Tat mindestens auf das Jahr 1418, hier die erste urkundliche Erwähnung, zurück. Die Hammersbacher sollen die ersten Betreiber des Werdenfelser Bergbaus gewesen sein. Aus einem Dokument vom 25. Juli 1542 geht hervor, dass der Bischof Heinrich durch seinen Bergrichter Fabian Hörndl einem gewissen Dieter Schneider aus Tölz und dem Georg Ringker, Maurer und Werkmeister aus München, die Erzgruben zu Hammersbach und am Waxenstein überließ. Doch das Fundglück war sehr unbeständig, sodass es zu einem häufigen Wechsel zwischen Abbautätigkeit und Bergbaustagnation kam. 1727 sollte sich das ändern, nachdem Ludwig Max Baron von Maldiz den Hammersbacher Bergbau systematisch zu betreiben versuchte und am Krepbach ein neues Schmelzwerk errichtete. Wo heute ein Gewerbegebiet mit Discounter, KFZ-Wesen, etc. steht, entstand damals schon ein kleines „Industrieviertel". Doch auch dieser erneute Bergbauversuch scheiterte an finanzieller Knappheit und das neue Schmelzwerk ging in den

Unterwegs in Werdenfels
- Band 1: Geoabenteuer

Besitz des Garmischers Matthias Leeder über, der eine Zainschmiede [Anm. d. Autors: Zain = stangen- oder barrenförmiger Metallrohling] daraus machte. Letztendlich war der Erzbergbau auf der Hammersbacher Alm genauso gescheitert wie Jahrhunderte später der Molybdänabbau im Höllental. Das Eisen war einfach nicht konkurrenzfähig, da es aufgrund der Höhe der Abbaustelle nicht kostengünstig produziert werden konnte. Dazu fehlte der Absatzmarkt für das Hammersbacher Eisen, das sowieso von nicht bester Qualität war: Die bayerischen Nachbarn im Norden verlangten bei Oberau hohe Einfuhrzölle für das Wettersteinmetall, die südlich benachbarten Tiroler verhängten 1738 am Zollamt Fernstein sogar eine Einfuhrsperre für Werdenfelser Eisen, dem zur Kennzeichnung ein Morenkopf aufgeprägt war. (4)

Hupfleitenkessel, Ort des ältesten Werdenfelser Erzabbaus

Die alten Erzgruben auf der Hammerbacher Alm zu verorten ist schwierig und ein kühn gestecktes Ziel, selbst für den erfahrenen Bergwerksforscher. Der Abbau untergliedert sich in zahlreiche Stellen, an denen das Erz in Tagebautechnik geschürft wurde. Diese finden sich v.a. an der Ost- und Südost-

Unterwegs in Werdenfels
- Band 1: Geoabenteuer

flanke des Hupfleitenkessels in etwa 1.700mNN. In den Abraum- und Schutthalden lassen sich noch zahlreiche „Branden" finden, das rotbraune, erzhaltige Gestein, dem die alten Knappen nachstellten. Die Stollen zu finden ist weitaus schwieriger, denn sie liegen teilweise versteckt unter Latschen. Vier Stollen kann man noch entdecken, zwei in einer östlichen und zwei in einer westlichen Stollengruppe. Zu den beiden östlichen Stollen gelangt man, wenn man sich an die tiefste Stelle des Hupfleitenkessels begibt. [Anm. d. Autors: Hier einige imposante Schluckstellen.] An der kleinen Felsstufe, die den Kessel nach Norden abgrenzt, ist ein 3m langer Stollen zu erkennen, schräg rechts oberhalb die unscheinbaren Spuren eines weiteren Kleinstollens. Eindrucksvoller ist die westliche Stollengruppe. Von der östlichen Stollengruppe aus ersteigt man die kleine Feststufe und findet am Fuße der westlichen Talflanke des Hupfleitenkessels unter Latschen einen 9m langen Stollen, den größten des Bergbaureviers. An seinem Ende lassen sich am rechten Ulm [= Seitenwand eines Stollens] schöne Schrämspuren finden, die auf die händische Vortriebstechnik mit Hammer und Meißel hinweisen. Auch durchbricht der Stollen in diesem hinteren Bereich die Firste [= Stollendecke], sodass durch ein kleines Loch Tageslicht eindringt. Ein Hinweis darauf, wie tagnah sich der Abbau befand. Unweit von diesem Stollen findet sich ein 5m tiefer Schrägschacht mit recht gut erhaltener und nur spärlich bewachsener Halde, in dessen Tiefe sich bis weit in den Sommer hinein ein Schneepfropf hält.

Von den weiter nördlich auf der Hammersbacher Alm gelegenen Stollen ist außer unscheinbaren Pingen nichts mehr erhalten. Die hier anstehenden Raibler Schichten sind sehr instabil, sodass die Anlagen nach deren Aufgabe sicher schnell verstürzt sind, anders als die sich im stabilen Wettersteinkalk befindlichen Stollen des Hupfleitenkessels.

Siehe auch Tourenvorschlag 04!

Unterwegs in Werdenfels
- Band 1: Geoabenteuer

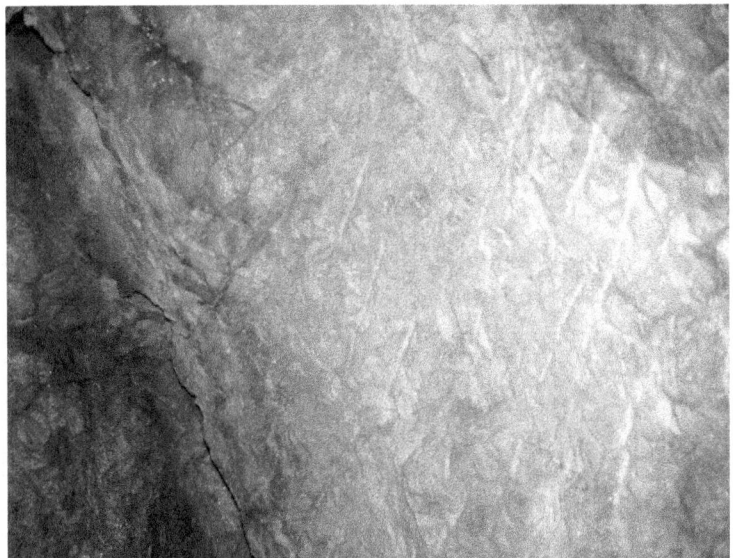

Schrämspuren von Hammer und Meißel (Hupfleitenkessel)

Waxensteinstollen

Am Fuße des Kleinen Waxensteins war man, anders als auf der Hammersbacher Alm, nicht Eisenerzen auf der Spur. Man suchte nach etwas Edlerem – Bleierz, denn manche Bleierze enthalten wirtschaftlich interessante Mengen an Silber. Wie auch an einigen weiteren Stellen in der alten Grafschaft Werdenfels wurde hier gegen Ende des 18. Jahrhunderts ein kleiner Stollen aufgefahren. Es sollte bei einem Versuch bleiben. Nichts Ungewöhnliches, denn von allen Werdenfelser Bleierz-Prospektionsstollen wurde alleine in der Franz Adolf Zeche bei Mittenwald Bleierz ab dem 19. Jahrhundert in größerem Maß abgebaut.

Der kleine Stollen ist trotzdem einen Besuch wert. Abseits der in der Wandersaison hochfrequentierten Bereiche des Höllentales findet man hier absolute Bergeinsamkeit, sodass sich der mühevolle Zustieg durchaus lohnt. Am Stollenmundloch angekommen präsentiert sich dieses als kreisrunde Öffnung, direkt am Fuße der mächtigen Felsen.

Unterwegs in Werdenfels
- Band 1: Geoabenteuer

Blick auf den Bergbau am Kleinen Waxenstein

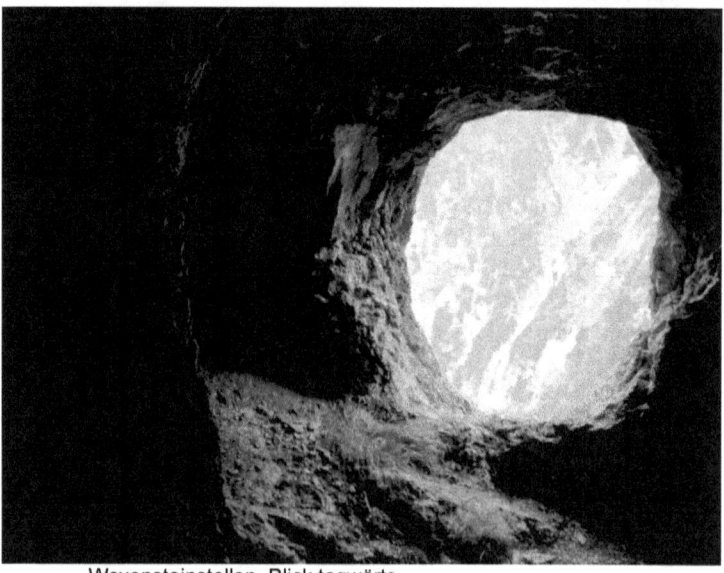

Waxensteinstollen, Blick tagwärts

Unterwegs in Werdenfels
- Band 1: Geoabenteuer

Der Autor bei der Photodokumentation des kleinen aber feinen Waxensteinstollens [Photo Proske]

Blick auf das gegenüberliegende Bergbaurevier unter den Knappenhäusern, wo bis in die erste Hälfte des 20. Jahrhunderts nach Molybdän geschürft wurde.

www.kaiser-geotrekking.de

Unterwegs in Werdenfels
- Band 1: Geoabenteuer

Passiert man die kleine Felsstufe am Eingang, gelangt man in einen unerwartet großzügigen Raum. Hier sind die Bergleute nach links und rechts, parallel zur Felswand des Kleinen Waxensteins, den Vererzungen nachgegangen. Sogar ein kleiner See hat sich hier gebildet. Bergwärts, in die eigentlich zu erwartende Stollenrichtung, endet der Vortrieb nach wenigen Metern blind.

Dass der Stollen nicht zu den ältesten gehört beweisen die vielen, guterhaltenen Bohrpfeifen. Das sind die Reste der für die Sprengungen gesetzten Bohrlöcher. Interessant ist deren geringer Durchmesser, der mit etwa eineinhalb Zentimetern nur halb so groß ist wie anderswo üblich.

Siehe auch Tourenvorschlag 05!

Schurfbau am Stuiben

Die Geschichte der Werdenfelser Bergbaue war eine sehr wechselvolle. Sie reicht bis in das Mittelalter zurück. Dem Abbau von silberhaltigem Blei kam dabei kaum wirtschaftliche Bedeutung zu, anders dem Eisenerzabbau, der sich über fast vier Jahrhunderte behaupten konnte.

Das Aufblühen und Vergehen des Bleiabbaus in Werdenfels zeigt stellvertretend der Schurf im oberen Gassental. Westlich der markanten Felswand der Stuibenmauer, wurde 1619 silberhaltiges Bleierz entdeckt. Möglicherweise waren die vom bischöflichen Landesherrn 1581 in Freising ausgesetzten Preise für das Auffinden solcher Erze die Motivation, auch an dieser entlegenen Stelle zu prospektieren. Aber es dauert noch bis ins Jahr 1793, der Bischof Joseph Conrad von Freising trachtete danach, den Werdenfelser Bergbau erneut zu fördern, bis das Vorkommen erschürft wurde. Man fuhr Stollen auf, von denen sich zwei bis heute erhalten haben. Es fand sich, so die Quellen im Archiv, nur wenig Bleierz, dieses überzeugte allerdings durch einen hohen Silberanteil.

Unterwegs in Werdenfels
- Band 1: Geoabenteuer

Um eine Vorstellung davon zu bekommen, möchte ich zwei historische Probenanalysen anführen:

Aus einem Zentner Erz konnten bei der einen Probe 25,5 Pfund und bei einer zweiten Probe 38 Pfund Blei extrahiert werden. Von diesem Blei ergab eine Tonne 7,5 Lot (1 altbayerisches Lot = 15,6g). Das sind insgesamt 117g Silber auf 1.000kg Erz. Welch Mühsal!

Das Erz wurde vor Ort gekuttet, d.h. vom tauben Material getrennt und mit Hilfe von Mulis über den Bernadeinweg zum Kreuzeck und von dort aus ins Tal nach Garmisch gebracht.

1811-1818 fanden neuerliche Untersuchungen der Erzvorkommen in Werdenfels statt. In deren Rahmen prospektiert ein gewisser „Preißler" 1812 das Gebirge südlich Garmisch und kommt dabei auch an die alten Abbaue in der Gassenalm. Er ist verwundert, kann er doch nur zwei von den angeblich drei Stollen auffinden, in denen etwa 20 Jahre zuvor geschürft worden war. Auch erwähnt er, dass die Stollen frei von Vererzungen seien, er allerdings in den Halden etliche Vererzungsspuren nachweisen könne.

Auch 1848 wird der Abbau erwähnt, ein gewisser Schmitz schreibt in seinem Bericht aller nutzbaren Mineralien des bayerischen Alpenlandes von zwei tauben Stollen auf der Gassenalm. (5)

Vergleicht man diese historischen Daten mit der heutigen Situation wird deutlich, dass der Abbau lediglich von 1793-95 stattgefunden haben muss und danach keinerlei Bergbauaktivitäten mehr zu verzeichnen waren. Das Vorkommen war entweder erschöpft oder der Ertrag einfach zu gering, um das hochalpine Silber zu konkurrenzfähigen Preisen anbieten zu können. Man muss dabei bedenken, dass die Stollen aufgrund ihrer Höhenlage nur wenige Monate im Jahr zugänglich waren. Der Abtransport des Bleierzes war eine weitere mühevolle, zeit- und kraftaufwändige Arbeit, die hohe Kosten verursachte und den Verkaufspreis negativ in die Höhe trieb.

Unterwegs in Werdenfels
- Band 1: Geoabenteuer

obere Gassenalm, links Stuibenkopf

Oberer Gassenalmstollen

www.kaiser-geotrekking.de

Unterwegs in Werdenfels
- Band 1: Geoabenteuer

Mein Ziel war nun, die beiden mehrmals erwähnten Stollen wiederzuentdecken und zu verorten. Da sie in massivem Wettersteinkalk liegen müssten stand zu hoffen, dass sie sich erhalten hätten. Eine zweite Fundhoffnung stellten die in den historischen Schriften beschriebenen Halden dar, die aufzufinden möglich sein sollte.

Über den Bernadeinweg war das Zielgebiet schnell erreicht, eine vorrecherchierte Höhenangabe aus einer geowissenschaftlichen Diplomarbeit von 1960 wies den Weg. Mein Plan war es, entlang dieser vordefinierten Höhenlinie das Gelände abzusuchen, in der Hoffnung dabei auf die Bergwerke zu stoßen. Latschen und teils tiefe Karstgassen machten die Suche beschwerlich. Immer wieder stehen bleibend und das Relief genau prüfend, fiel eine haldenkopfähnliche Geländeverflachung auf, die sich in der Tat als Eingangsbereich des oberen der beiden Stollen herausstellte. Dieser gut 20m geradlinig in den Berg führende Stollen ist gänzlich unverstürzt. Bohrpfeifen an den Wänden weisen darauf hin, dass er mittels Sprengungen aufgefahren wurde.

Über dessen Halde absteigend wurde nun unschwer auch der zweite, 15 Höhenmeter tiefer liegende Stollen schnell entdeckt. Da dessen Mundloch inzwischen von Latschen vollkommen überwachsen ist, war es wieder einmal die Halde, die zum Eingang führte. Anders als der obere Stollen hatte sich dieser den Kräften des Verfalls nicht widersetzen können. Mehrere teils zentnerschwere Steinbrocken waren aus dem Deckenbereich am Mundloch gestürzt und hatten den Eingang großteils verschlossen. Nur ein kleiner Durchschlupf lässt noch in die Dunkelheit spähen. Aufgrund des gebrächen Erscheinungsbildes dieser Szenerie entschied ich, den Stollen aus Sicherheitsgründen nicht mehr zu befahren. Es wäre die Arbeit mehrerer starker Hände notwendig, um den Eingangsbereich von dem Versturz zu befreien und das lose Material an der Firste kontrolliert zu lösen. Eine schöne Aufgabe für Bergwerksenthusiasten. Wer hat Lust?

Siehe auch Tourenvorschlag 06!

Unterwegs in Werdenfels
- Band 1: Geoabenteuer

Poyßlstollen

Der Poyßlstollen im Kramer ist einer der ältesten und gleichzeitig am besten erhaltenen alten Bergwerke in Werdenfels. Der sehr versteckt liegende Stollen ist nur weglos über Steilschrofengelände zu erreichen, entsprechende Trittsicherheit und Schwindelfreiheit vorausgesetzt. Schwarz datiert den Stollen auf 1590, sein Name geht wohl auf einen Pfleger der Burg Werdenfels, einen gewissen Poyßl, zurück. (6)

Der horizontale, unverzweigte Stollen präsentiert sich in gotisch-elliptischem Profil und wurde am Fuße einer Felswand im Bereich dreier steilstehenden Störungsflächen angelegt. Teilweise durchzieht die westlichste und gleichzeitig größte dieser Störungen als Firstspalte den Gang. Sie ist ausgefüllt von ockergelbem Lehm. Die Störungen setzen sich in der Felswand oberhalb des Mundloches deutlich fort. Der ca. 70cm breite und um 130cm hohe Gang führt leicht fallend in den Berg. Das ist sehr ungewöhnlich, normalerweise wird darauf geachtet, die Gangsohle leicht ansteigend anzulegen, um einerseits die Grubenwässer ins Freie abzuleiten und andererseits die Schwerkraft als Partner zu haben wenn es darum geht, mit Hunten das Hauwerk aus dem Stollen zu transportieren. Nach etwa 15m erfolgt ein leichter Linksknick. An dieser Stelle ist der Stollen mit 2m ungewöhnlich hoch. 5m weiter endet der Stollen blind.

Die alten Bergleute waren wohl edlen Metallen hinterher, als sie den Poyßlstollen in reiner Handarbeit meißelten. Ähnlich wie bei dem in dieselbe Zeit zu datierenden Erzloch bei Eschenlohe folgte man auffälligen Störungen im Fels. Die Färbung der Kluftfüllungen dieser Spalten ließ die Alten wohl aufmerken und Metall erhoffen. Die Hoffnung musste wohl recht groß gewesen sein, geht man von einem Vortrieb von ca. 2cm pro Tag aus. Auf die gesamte Stollenlänge hochgerechnet bedeutet dies einen Zeitraum von 1.000 Tagen, den die Knappen investieren mussten, um den Stollen anzulegen. Eine gewaltige Leistung, die Motivation über einen derart langen Zeitraum bei widrigsten Arbeitsbedingungen aufrecht zu erhalten. Doppelt beeindruckend wenn man davon ausgeht,

Unterwegs in Werdenfels
- Band 1: Geoabenteuer

dass im Poyßlstollen wohl niemals irgendwelche Erze gefunden worden sind.

Siehe auch Tourenvorschlag 07!

im Poyßlstollen

Unterwegs in Werdenfels
- Band 1: Geoabenteuer

Fluchtstollen der Schaumburg

Von der Schaumburg bei Ohlstadt, einer alten Raubritterburg, sind kaum sichtbaren Spuren erhalten geblieben. Sie thronte einst auf einem Felsklotz, der seinerseits von natürlichen Klüften und Hohlräumen durchzogen war.

Diese Klüfte wurden garantiert in den Burgkomplex mit einbezogen, als Kellerräume, als Verließ, der Phantasie sind keine Grenzen gesetzt. An manchen Stellen kann man noch Schrämspuren erkennen, an denen die Burgherren diese natürlichen Hohlräume künstlich für ihre Zwecke erweitern ließen.

Sagenumwoben ist dagegen die Mär von einem Geheimgang, der von den Kellern der Burg ins Freie führen soll. Ich begann die Suche nach diesem Gang in den Kavernen des Burgfelsens. Nichts. Ein befreundeter Historiker hatte mir allerdings versichert, im Burgfelsen befände sich auf jeden Fall der enge Eingang in einen von Menschenhand angelegten Stollen. Den Fluchtstollen?

Richtig! In der Tat fand sich ein kleines Loch im Fels. Schon am Eingang, der ob seiner geringen Größe den Befahrer in die Knie zwingt, erkannte ich sehr deutliche Schrämspuren an Firste und den Ulmen. Die Aussage meines Freundes war bestätigt, es handelte sich um ein künstliches Objekt. Würde sich ein zweiter Ausgang nachweisen lassen, der den Stollen als Fluchtweg oder Geheimgang enttarnen könnte?

Auf allen Vieren befuhr ich den Stollen, an besonders engen Stellen auf dem Bauch liegend, im optimalsten Fall konnte ich mich aufrecht hinsetzen. Eine breite Firstspalte im hintersten Stollenabschnitt zog meinen Blick in die Höhe. Kein Tageslicht war auszumachen, auch keinerlei Bewetterung war zu spüren, der Stollen schien blind zu enden. Mit dem Scheinwerfer untersuchte ich die Spalte bis in die hintersten, einsehbaren Winkel, kein Weiterkommen möglich, der Spalt ist einfach zu eng. Selbst wenn eine natürliche Verbindung zu den anderen Kavernen bestehen würde, sie wäre für Menschen nicht

Unterwegs in Werdenfels
- Band 1: Geoabenteuer

durchschlufbar. Die Sage vom Fluchtstollen scheint ins Reich der Märchen zu gehören.

Trotzdem war es wieder einmal gelungen, einen mittelalterlichen und zudem sehr gut erhaltenen Stollen zu entdecken und zu dokumentieren. Zu welchem Zweck er angelegt wurde konnte nicht geklärt werden. Keinerlei bergbauliche Zwecke erscheinen sinnvoll, auch fanden sich keine Vererzungsspuren oder Hinweise, die auf einen Prospektionsstollen schließen ließen. War es vielleicht doch ein Fluchtstollen, der nur nicht fertiggestellt wurde? Eine Vermessung des Burgfelsens mit einem Bodenradar könnte Klarheit in die verworrene Struktur der Kavernen und des Stollens bringen.

Schrämspuren im engen Stollen der Schaumburg

Besonders gut zu erkennen die sehr ordentliche Formatierung der Firste und des linken Ulms. Der derbe Arbeitshandschuh verdeutlicht die geringen Maße des Stollens. Bei archäologischen Grabungen wurden Keramikscherben gefunden. Ein mittelalterlicher Vorratskeller?

www.kaiser-geotrekking.de

Unterwegs in Werdenfels
- Band 1: Geoabenteuer

Bergwerk Murnau

Zwischen Ohlstadt und Großweil, dort bis 1962, wurde an verschiedenen Orten Kohle abgebaut, so auch westlich Murnau am Staffelsee, nahe der Bahnhaltestelle „Seeleiten Berggeist". [Anm. d. Autors: Man beachte den montanhistorischen Hinweis in der Ortsbezeichung „Berggeist"!] Bei diesen Vorkommen handelt es sich um sog. Schieferkohle.

Von dem ehemaligen Abbau bei Murnau noch Spuren zu verorten war Ziel der Exkursion. Auch war recherchiert worden, dass es hier einen kleinen Stollen gegeben habe soll.

Bahnhaltestelle nahe der alten Zeche Murnau

Um einen Überblick über den geologischen Aufbau des Ortes zu bekommen, steigt man zunächst in einen tiefen Graben hinab, in dem ein kleines Bächlein fließt. Das geschulte Auge erkennt mehrere kleine Kohleflöze, die in den Grabenflanken anstehen. Zumindest Spuren des Rohstoffvorkommens sind auf diese Weise schon nachgewiesen, doch wo hatte sich der Abbauort befunden?

www.kaiser-geotrekking.de

Unterwegs in Werdenfels
- Band 1: Geoabenteuer

Schieferkohleflöz

INFO Schieferkohle

Schieferkohle, die auch als Lignit oder Xylit bezeichnet wird, ist die jüngste Kohlenart und geht in ihrer Entstehung vor 60.000 bis 120.000 Jahren vor heute auf Warmzeiten zwischen den letzten Eiszeiten zurück. Sie ist als nicht ganz inkohltes Holz oder Pflanzenmaterial dem Torf eher verwandt als der Braun- oder Steinkohle. Entsprechend niedrig ist ihr Heizwert, Schieferkohle gilt als minderwertiger Rohstoff. So wurde sie meist lediglich von Einheimischen zur Streckung ihres privaten Winterbrandes oder in Notzeiten meist in Eigenregie abgebaut. Die häufigste Abbauform war der Tagebau.

Unterwegs in Werdenfels
- Band 1: Geoabenteuer

Deutlich sichtbare Pflanzenfaserreste in der Kohle.

Über das Gelände rechts des Grabens kann man sich schnell ein Bild machen. Die große Wiese zeigt keinerlei Auffälligkeiten, hier hatte der Abbau wohl nicht stattgefunden. Anders sieht es linksseitig des Grabens aus, wo das unruhige Relief des Waldbodens einen Hinweis auf Tagebauaktivitäten erkennen lässt. Das an vielen Stellen vom nahen Kohleflöz geschwärzte Erdreich gibt weitere Gewissheit. Das etwa zwei Fußballfelder große Areal wurde von uns systematisch durchstreift. Eine trichterartige Hohlform erregte die Aufmerksamkeit: eine Pinge? Gefunden! Wie Perlen an einer Schnur zeichneten sich weitere Einsturzkrater hintereinander ab, wie von magischer Hand gezeichnet offenbarte sich das Grundrissbild des alten Stollens: Nach gut 20m geraden Verlaufs hatten die Bergleute je einen Querschlag von ca. 12m nach links und rechts angelegt, sodass von einer Art T-Grundrissbild auszugehen ist. Das Exkursionsziel war erreicht, der alte Schieferkohleabbau der Zeche Murnau und sogar ein anstehender Flöz waren verortet.

Unterwegs in Werdenfels
- Band 1: Geoabenteuer

Pingenreihe im Wald

Siehe auch Tourenvorschlag 08!

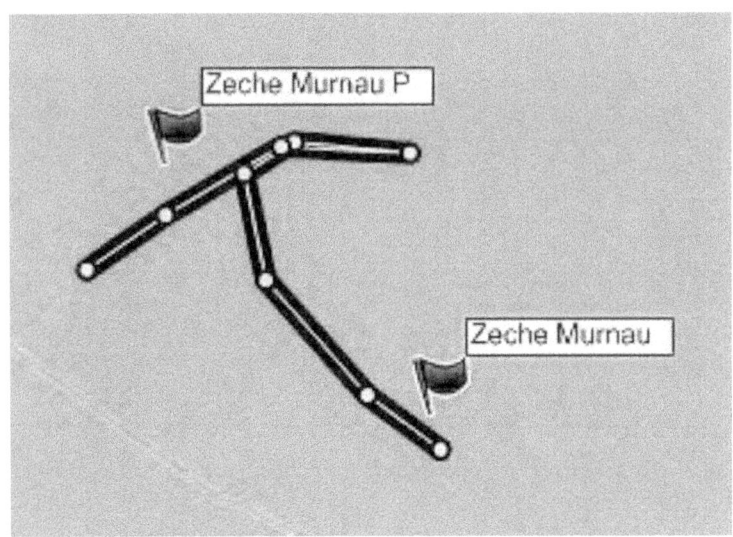

Grundrissplan Zeche Murnau

www.kaiser-geotrekking.de

Unterwegs in Werdenfels
- Band 1: Geoabenteuer

Teil III - Vergessene Bergwerke Region Ammertal

www.kaiser-geotrekking.de

Unterwegs in Werdenfels
- Band 1: Geoabenteuer

Schleifsteinstollen in Echelsbach

Die Echelsbacher Brücke bei Bad Bayersoien, weitest gespannte Bogenbrücke der Welt mit einer Bogenspannweite von 130m, wird von Einheimischen und Touristen gleichermaßen gerne besucht. Der Blick, 76m in die Tiefe der Ammerschlucht, über die sich der elegante Bogen der Brücke schwingt, ist atemberaubend. Doch an der Echelsbacher Brücke sind noch weitere Einblicke möglich. Versteckt im Steilgelände unter der Brücke befindet sich ein altes Bergwerk, in dem Schleifsteine gebrochen wurden. Mathias Flurl berichtet schon 1792: *"Gleich zur Seite im Liegenden ruhet ein sehr feinkörniger schwärzlich grauer Sandstein, welcher zu Schleifsteinen, manchmal in sehr großen Platten, gebrochen, und von Schleifern so geliebt wird, daß sie ihn allen übrigen Steinen dieser Art, welche im Oberlande sich finden, vorziehen."*
(7)

Echelsbacher Brücke

Unterwegs in Werdenfels
- Band 1: Geoabenteuer

Das Gelände ist sehr steil und rutschig, Absturzgefahr allgegenwärtig, undeutliche Steigspuren führen zum verstürzten oberen Eingang, nur ein kleiner, offen gebliebener Schluf gewährt Zugang in die dunkle Unterwelt. Nach dieser Engstelle präsentiert sich das in zwei Stockwerken angelegte Bergwerk großzügig. Auffällig sind die aus Hauwerk errichteten, mehrere Meter hohen Bruchsteinmauern. Sie dienten, da sie sehr sorgfältig errichtet wurden, wohl Zwecken der Stollenverbauung.

Bruchsteinmauer im Stollen

Die Abbauweise der Schleifsteine lässt sich heute noch gut nachvollziehen: Die runde Form des Schleifsteines wurde an der glatten Sandstein-Schichtfläche angezeichnet, danach wurden die Umrisse per Hand heraus gemeißelt. Schließlich musste der komplette Stein noch herausgebrochen werden. Dass das nicht immer wie geplant verlief, bezeugen Schleifsteinfragmete allenthalben. Der Durchmesser der erzeugten Schleifsteine schwankt zwischen wenigen Dezimetern bis zu gut eineinhalb Metern.

Unterwegs in Werdenfels
- Band 1: Geoabenteuer

Der Eingang von Übertage in das untere Stockwerk ist komplett verstürzt, kein Durchkommen ist möglich. Diese untere Ebene kann jedoch untertage über die obere Etage erklettert werden. Eine heikle Angelegenheit, von der bei der Befahrung aufgrund des gebrächen Erscheinungsbildes der betreffenden Bergwerksabschnitte abgesehen wurde. An der Erdoberfläche präsentieren sich die großteils verstürzten Bereiche dieses Bergwerkabschnitts als Pingenreihe und lassen Rückschlüsse auf den Grundriss der ehemaligen Anlage zu.

Spuren des Schleifsteinabbaus

Erwähnenswert ist noch die reichhaltige Höhlenfauna in Form unzähliger Höhlenkreuzspinnen (Meta menardi), die in den tagnahen Bereichen einen idealen Lebensraum gefunden haben. Nichts für arachnophobe Zeitgenossen!

www.kaiser-geotrekking.de

Unterwegs in Werdenfels
- Band 1: Geoabenteuer

Schatzloch am Hörnle

INFO Venedigermanndl

Diese sagen- und mythenbehafteten Fremden fanden sich in den Sommermonaten in den entlegensten Alpenregionen ein. Wie ihr Name schon andeutet war ihre Heimat Venedig, genauer gesagt die für ihre Glaskunst berühmte Insel Murano. Zur Herstellung kristallklaren Glases benötigten sie die sog. „Glasmacherseife" - Kobaltoxid und Manganoxid, auch bekannt unter dem Namen Braunstein. Besonders diesen Mineralien waren die gesteins- und bergbaukundigen Venedigermanndl im Alpenraum auf der Spur, so auch im Ammertal. Die Venedigermanndl kamen in den Sommermonaten, wenn sich der Schnee aus den Hochlagen zurückgezogen hatte. Sie quartierten sich bei Bauern oder Wirtsleuten im Tal ein und gingen von hier aus der Suche und dem Abbau der gewünschten Mineralien nach. Der einheimischen Bevölkerung müssen diese Fremden wohl als sonderbare Zeitgenossen vorgekommen sein, obwohl überliefert ist, dass manches Venedigermanndl über Jahre hinweg des Sommers immer wieder beim gleichen Wirt sein Basislager aufschlug. Es war wohl eher die mysteriöse, für den Unkundigen unverständliche Arbeit der Südländer. Tagelang waren sie im Gebirge unterwegs, gruben hier, gruben da, sammelten Material, das für die einheimische Bevölkerung völlig wertlos war, wahrlich, die Venedigermanndl mussten über besonderes Wissen und besondere Fähigkeiten verfügen und waren sicherlich einem großen Schatz auf der Spur.

„Der Stein,
den der deutsche Bauer nach der Kuh wirft,
ist mehr wert als die Kuh."

- so sollen die Venedigermanndl gesagt haben. Da der Verwendungszweck der gefundenen Schätze außerhalb Muranos weitgehend verborgen blieb, führte das im Volk zu der Annahme, die Venetianer würden etwas sehr Wertvolles, sprich „Gold" sammeln. Kein Wunder, dass auch in späteren Jahren

Unterwegs in Werdenfels
- Band 1: Geoabenteuer

die Venedigermanndl als Prospektionsexperten von Bergbaugesellschaften angeheuert wurden, um Lagerstätten aufzuspüren. Diesen positiven Ruf der Venedigermanndl als Bergbauexperten missbrauchten wohl einige findige Betrüger, die die Tradition der Venedigermanndl ausnützend ihre Dienste als Prospektoren gegen Bezahlung anboten. Sie arbeiteten mit Werkzeugen wie Wünschelruten, die zu verborgenem Gold und Silber führen sollte. Scharlatanerie in Reinstform.

Doch ein sagenumwobenes Werkzeug scheinen die Venedigermanndl wirklich benützt zu haben: den Erdspiegel. Wie in der Kristallkugel der Wahrsagerin sollte darin das unter der Erde liegende versteckte Gold zu sehen sein, so berichtet der Volksmund. Neuere Forschungen gehen allerdings davon aus, dass der in den Sagen häufig beschriebene Schatz- oder Erdspiegel der Venediger als der Bevölkerung unbekanntes Vergrößerungsglas oder als Goldwaschpfanne zu interpretieren wäre.

Das im Folgenden beschriebene Schatzloch im Hörnle geht, wie viele andere bergbauliche Objekte im Ammertal, auf Umtriebe der Venedigermanndl zurück. Hier wird schon im Namen deutlich, wie die Arbeit der Venedigermanndl von den Einheimischen interpretiert wurde: Schatzsuche! Natürlich nach Gold, wonach sonst? Warum würde sich jemand die Mühe machen, im Berg zu graben, wenn nicht die Aussicht auf einen wertvollen Fund die Mühsal und Plagen der Bergmannsarbeit ertragen ließe? Nun, die Venedigermanndl fanden ihren „Schatz", nur sah der ganz anders aus, als die Einheimischen vermuteten.

Das Schatzloch am Hörnle müsste eigentlich „Schatzloch am Stierkopf" heißen, liegt es doch südöstlich der Hörnle-Dreiergruppe an der Südostflanke des unbewaldeten Stierkopfs, direkt am Waldrand in Richtung der „Drei Marken", dem Sattel zwischen Stierkopf und Aufacker. Hier steht Gestein an, der sogenannte Flysch, das einst am Grunde eines Tiefseegrabens zwischen der europäischen und afrikanischen Kontinentalplatte abgelagert wurde. Nach der Kollision der Konti-

www.kaiser-geotrekking.de

Unterwegs in Werdenfels
- Band 1: Geoabenteuer

nente und der Auffaltung der Alpen gelangte der Flysch am Alpennordrand wieder an die Oberfläche. Kobalt- und Manganoxide waren die Rohstoffe, denen die Venediger hier hinterher waren.

Erhalten hat sich ein knapp 10m langer, leicht bergwärts fallender Schrägschacht, der überraschend hoch ist. Leider ist er schon stark verstürzt, ein Tribut an die Tagnähe des Abbaus. Gefahrlos betrachtet werden kann allerdings die guterhaltene Halde, mit schönem Haldenkopf.

Siehe auch Tourenvorschlag 09!

Die Sage vom Schatzloch auf dem Hörnle
(Prof. Max Dingler)

Vor langer Zeit in jedem Jahr
kam, wenn der Schnee geschmolzen war,
ein Männlein aus dem welschen Land
mit einem Esel an der Hand
zu uns, weil es ergraben wollt
am Hörnle manch geheimes Gold.
Im Herbst verließ es unseren Ort
und zog zur fernen Heimat fort.
Einmal, da wollt es seinen Wirt,
bei dem es in Kohlgrub logiert,
hinführen an die Bergeswand,
wo das ersehnte Gold sich fand.
Dem aber graute vor dem Wicht,
drum folgt er der Versuchung nicht.
Und seitdem kam, so geht die Mär,
das Männlein nimmer zu uns her.
Und ruht das Gold in Ewigkeit.
Das "Schatzloch" heißt der Platz noch heut.

---

www.kaiser-geotrekking.de

Unterwegs in Werdenfels
- Band 1: Geoabenteuer

Schatzloch am Hörnle

Blick über Unterammergau auf das Ammergebirge mit Laubeneck

www.kaiser-geotrekking.de

Unterwegs in Werdenfels
- Band 1: Geoabenteuer

Guffellöcher am Laubeneck

INFO Guffel

In der altbayerischen Mundart bezeichnet man als „Guffel", auch „Gufel" oder „Kuf(f)el" eine Halbhöhle, die meist am Fuße einer Felswand liegt. In der Regel handelt es sich dabei um Auswitterungshöhlen. Vom Wild werden diese Guffeln gerne als Nachtlager genutzt, daher auch die Bezeichnung „Gamsguffel". In solchen Guffeln findet sich oft am Boden eine dicke Schicht Wildlosung, auch das Skelett einer verendeten Gams erwartete mich einmal in einer solchen Guffel. Manche Guffeln wurden auch vom Menschen als Notunterkunft oder Schlechtwetterunterstand genutzt, in einigen finden sich uralte Felsritzungen: Initialen, Hausmarchen (eine Art Hauswappen) oder sakral-religiöse Symbole.

Durch einen alten Zeitungsartikel war ich auf die Umtriebe der Venedigermanndl in Unterammergau aufmerksam geworden, jedoch verschwieg dieser die Lage der Minen. Richtung Pürschling/Laubeneck, das war die einzige Angabe zur Verortung. Von anderer Seite aus erfuhr ich von kleinen Höhlen am Laubeneck, ich verknüpfte diese instinktiv mit der Venedigermanndlgeschichte. Die Folgerecherche rückte diese Höhlen, die sogenannten „Guffellöcher am Laubeneck" in den Fokus der Betrachtung. So sollte dort wiederholt ein Venedigermanndl geschürft und sie erweitert haben. Würden sich heute noch Spuren dieser Jahrhunderte zurückliegenden Bergbautätigkeit nachweisen lassen?

Die vage Wegbeschreibung eines Einheimischen führte mich dann in der Tat zu den Guffellöchern. Der erste Eindruck war eher bescheiden, aus der Ferne waren zwei Höhlenportale auszumachen, die sehr nach Auswitterungshalbhöhlen aussahen. Doch die nun folgende Untersuchung ergab eine Überraschung nach der anderen. Die linke (östliche) der beiden Höhlen ist in der Tat nur eine unspektakuläre Auswitterungsnische

Unterwegs in Werdenfels
- Band 1: Geoabenteuer

im Fels, eine typische Guffel. Spuren anthropogener Überprägung waren nirgends auszumachen, doch ein rötlicher Schimmer im Hintergrund der Felskulisse ließ aufmerken: Manganoxid! Dieses Übergangsmetall, auch Braunstein genannt, wurde als sog. „Glasmacherseife" für die Herstellung kristallklaren Glases benötigt. Hier hätten die Welschen finden können, was sie suchten. Doch der Beweis für bergbauliche Aktivitäten war alleine durch das Vorkommen von Manganoxid nicht erbracht. Welches Geheimnis würde das zweite der Guffellöcher am Laubeneck bei Unterammergau entbergen, sah es doch vom Portal her viel unbedeutender aus?

Es bestätigte sich wieder die Speleologenweisheit, dass Höhlen und Menschen durchaus vergleichbar sind: Je größer die Klappe, desto kleiner der Background – und umgekehrt. Sprich: Einem großen Höhlenportal folgt meist nur wenig an Untertagestrecke. So verhält es sich auch bei den Guffellöchern, denn das unscheinbarere der beiden Löcher birgt einen wahren Schatz.

Durch das markante Höhlenportal betritt man eine weiträumige Halle, die jeden Cro-Magnon-Menschen in Entzückung versetzt hätte. Wie bei der erstgenannte Guffel ist auch hier ein natürlicher Ursprung anzunehmen. Doch wurde schnell deutlich, dass Menschenhand nachgeholfen hatte. Die fast ebene Höhlensohle bewies, dass sich die Höhle nicht selbst in diese Tiefe ausräumen konnte. Auch der haldenähnliche Höhlenvorraum unterstrich, dass Homo Sapiens hier gewirkt hatte. Unschwer fanden sich auch in dieser Guffel Manganvererzungen, weitaus deutlicher als im benachbarten Loch ausgeprägt. Und endlich die Erleichterung durch den Fund, der die Höhle zum Bergwerk wandelt: Bohrpfeifen an den Wänden! Hier wurde gesprengt!

Der Beweis war erbracht. Zumindest im größeren der beiden Guffellöcher wurde bergmännisch gearbeitet. Die Bohrpfeifen und das üppige Manganoxidvorkommen sind mehr als Indizien, sie sind perfekte Beweise.

Unterwegs in Werdenfels
- Band 1: Geoabenteuer

das große Guffelloch

manganoxidhaltige Steine (rot) – Gold für die Welschen

www.kaiser-geotrekking.de

Unterwegs in Werdenfels
- Band 1: Geoabenteuer

Kühalpenbachstollen

Südlich Graswang befindet sich weit weg von den ausgetretenen Touristenpfaden das ruhige Gießenbachtal, dem der Kühalpenbach entspringt. Südlich des Großen Wasserfalls, manche Leute bezeichnen ihn als den „Dickelschwaiger Wasserfall", zwängt sich der Kühalpenbach durch eine enge, tiefe Klamm. An deren Ausgang findet sich ein kleiner Durchgangsstollen, ähnlich einem Tunnel. Die Entstehung dieses Stollens ist aus mehreren Gründen sicher nicht bergmännisch zu interpretieren. Ich erachte diesen Kleinstollen als zum Triftwesen oder zur Wildbachverbauung gehörige Infrastruktur.

INFO Holztrift

Zu Zeiten, in denen man noch nicht auf moderne Holztransportmethoden mittels LKW und gutausgebauter Forstwege zurückgreifen konnte, war das Triften eine gängige Methode, um geschlagenes Holz zu Tal zu bringen. Dabei bediente man sich der Transportkraft fließender Gewässer. Beim Triften wurden Holzstämme in einen Bach eingebracht und durch diesen zu Tal geschwemmt. Um die Transportleistung zu erhöhen und dem Verklausen [Anm. d. Autors: = Verkeilen] entgegenzuwirken, wurden die Bäche oftmals mittels sog. Klausen aufgestaut. Im künstlichen Hochwasser war die Holztrift effektiver als bei Normalwasserstand. Solche Klausen waren bis in die 60er Jahre des vorigen Jahrhunderts in Betrieb. Das Triften war eine effektive aber auch sehr gefährliche Holztransportmethode. Die unvermeidlichen Verkeilungen von Baumstämmen mussten mittels Muskelkraft gelöst werden, leicht war das Gleichgewicht verloren und ein Bein gequetscht oder schlimmer.

Eine dem Triften verwandte Technik ist das Flößen. Dabei werden die Holzstämme zu einem Floß zusammengefügt. Diese Methode wurde für hochwertigeres Holz gewählt. Das Triften dagegen war dem billigen Brennholz vorbehalten.

Unterwegs in Werdenfels
- Band 1: Geoabenteuer

Zunächst einmal fällt die Breite des Stollens auf. Diese ist mit gut zwei Metern ungewöhnlich. Im Bergbau verzichtet man, wenn seitlich kein abbauwürdiges Material vorhanden ist, auf unnötige Breite, denn diese bedeutet nur mehr Arbeit. Warum ist aber der Kühalpenbachstollen so breit? Desweiteren finden sich keinerlei Hinweise auf abbauwürdiges Material, keine Vererzungen, kein Bitumenschiefer. Was war der Zweck dieses Stollens? Auskunft könnte seine Lage geben, befindet er sich doch an dem engen Klammausgang des Kühalpenbaches. An dieser Stelle stand früher sicher eine Holzklause, um das Wasser für das Holztriften aufzustauen. Hatte der Stollen damit zu tun? Möglicherweise versteht er sich als wortwörtlicher Durchgang, um ein seitliches Passieren der Klause zu ermöglichen, evt. um zur bachaufwärts gelegenen Kuhalpe zu gelangen oder um die Holztrift vorzubereiten und durchzuführen.

Dies erklärt aber nicht die Breite des Kühalpenbachstollens. Aus dem Bergbauwesen kennt man ebensolche breiten Stollen, die sog. Förderstollen. Durch diese wurde das abgebaute Material z.B. in Hunten über Tage transportiert. Entsprechend großdimensioniert mussten die Förderstollen sein. Es stellt sich nun die Frage, welche großen Dinge durch unseren Stollen transportiert wurden? Darauf findet sich nur schwer eine Antwort. Vielleicht Vieh? Es erscheint möglich, dass der Almauftrieb und –abtrieb zu und von der Kuhalpe durch diesen Stollen erfolgte. Um die Klause zu umgehen bediente man sich des Stollens. So müsste man eigentlich mehr von Kühalpenbachtunnel als von Kühalpenbachstollen sprechen.

Ich konnte ermitteln, dass man bereits 1904 damit begonnen hatte, den Kühalpenbach auf 3,3km Länge mittels 120 Steinsperren und 7 Holzsperren zu zähmen. Diese Verbauungsmaßnahmen zogen sich bis 1977 hin, so wurden dabei auch die alten Steinverbauungen durch moderne Betonverbauungen ersetzt. Von den Holzsperren hat sich keine erhalten. Steht der Stollen vielleicht im Zusammenhang mit diesen Baumaßnahmen? Die Frage bleibt offen.

Siehe auch Tourenvorschlag 10!

Unterwegs in Werdenfels
- Band 1: Geoabenteuer

Kühalpenbachstollen; nördliches Mundloch

Kühalpenbachstollen; südliches Mundloch

www.kaiser-geotrekking.de

Unterwegs in Werdenfels
- Band 1: Geoabenteuer

Guckalochstollen

Bei den Untersuchungen zu „*Der Einsiedler im Guckaloch*" wurde auch die nähere Umgebung des Objektes erkundet. So folgten meine Frau und ich u.a. dem Verlauf des Sturzbaches oberhalb des Wasserfalls neben dem Guckaloch und gelangten nach einigen Zehnerhöhenmetern zu einer weiteren Wasserfallstufe, an deren Fuß sich ein künstliches Objekt befand. Mit einer Tiefe von nur eineinhalb Metern und einem guten Meter Höhe fällt es dem ungeübten Auge wohl nicht sonderlich auf. Bei mir allerdings läuteten die Alarmglocken, standen wir doch vor einem typischen Probestollen. Die alten Prospektoren waren, nicht anders als die Geowissenschaftler heute, viel in Gräben und Rinnen unterwegs, das aus einem einzigen Grund: Hier fehlt oft eine Vegetationsschicht und das anstehende Gestein tritt zu Tage. Dessen Begutachtung wird so möglich. An dem oben erwähnten kleinen Probestollen fiel auf, dass er an einer deutlich ausgeprägten Firstfuge angelegt wurde. Die Hoffnung, im Bereich dieser tektonischen Störung auf Vererzungen zu stoßen, war der Antrieb der alten Bergleute. Wir konnten keine nachweisen. Die Messung mit dem Metalldetektor ergab allerdings einen „unruhigen Lauf", ein Hinweis auf erzhaltiges Gestein. So falsch lagen die Alten wohl gar nicht. Abbauwürdig erschien und erscheint das Vorkommen jedoch nicht.

In der alten „Heimatkundlichen Stoffsammlung" findet sich dazu ein interessanter Hinweis unter „Geschichtliches": *„1450 beginnt Abt Joh. Kufsteiner* [Anm. d. Autors: Kloster Ettal] *nach Gold- und Silberminen im Graswangtal zu schürfen. Nach ihm versuchen auch andere ihr Glück und schürfen von Graswang bis zur Halbammer hinaus nach Edelmetallen – ohne Erfolg."* [8] In der neuen „Heimatkundlichen Stoffsammlung" wird dieser Eintrag um die Jahreszahl *„1439"* erweitert. Somit lässt sich das Stollenalter möglicherweise auf die erste Hälfte des 15. Jhd. eingrenzen. [9]

Klein aber fein. Es müssen keine zehnermeterlangen Stollen sein, um die Geschichte eines Ortes zu durchdringen.

Unterwegs in Werdenfels
- Band 1: Geoabenteuer

Geoabenteuer um Naturhöhlen

Unterwegs in Werdenfels
- Band 1: Geoabenteuer

Aus dem Untersuchungsgebiet sind zahlreiche Höhlen bekannt. So wissen viele vom Angerlloch im Obernachtal, das schon vor 100 Jahren von einem Münchner Naturfreundeverein touristisch erschlossen wurde und heute, besonders an Wochenenden, dem Besucheransturm nur schwer standhalten kann und es zu „Befahrungsstaus" kommt. Auch die Frickenhöhle hoch oberhalb Farchant ist vielen ein Begriff, dank ihres versteckten Eingangs und des nicht unschwierigen Zustiegs wird sie allerdings viel weniger als das oben erwähnte Angerlloch besucht. Schauhöhlen wie z.B. in der Schwäbischen Alb gibt es keine, das liegt wohl daran, dass unsere Höhlen von ihren Ausmaßen her nicht mit jenen konkurrieren können und es mangelt allen an dem touristisch notwendigen Tropfsteinschmuck. Dieser war ursprünglich in der Frickenhöhle sogar noch vorhanden, was zahlreiche Tropfsteinstümpfe belegen, fiel aber nahezu komplett den ersten Besuchern zum Opfer. Angeblich sollen die herausgeschlagenen Tropfsteine zur Dekoration von damals sehr beliebten künstlichen Mariengrotten genutzt worden sein.

Doch zurück zu den Werdenfelser Höhlen. Es lassen sich drei Arten gemäß ihrer Genese unterscheiden: durch Laugung entstandenen Höhlen, durch tektonische Vorgänge geschaffene Höhlen und die durch die Kräfte der Erosion geformten Auswitterungshöhlen. Die längsten Untertagestrecken finden sich bei den Vertretern der ersten Gruppe. Hier ist das Vorhandensein eines verkarstungsfähigen Gesteins und des Lösungsmittels Wasser von Nöten. Verkarstungsfähiges Gestein, hier der sog. Plattenkalk, findet sich bei uns im Estergebirge oder als Wettersteinkalk im gleichnamigen Gebirgsstock südlich von Garmisch-Partenkirchen. Im Estergebirge konzentrieren sich die Höhlen auf den Kuhfluchtgraben bei Farchant, wo das Wasser, welches hoch oben am Michelsfeld unter dem Krottenkopf versickerte, wieder zu Tage tritt. Im Untergrund ist ein ganzes Höhlensystem entstanden, mit der Frickenhöhle als bekanntestem Objekt und den wildromantischen Kuhfluchtquellhöhlen, einer aktiven Doppel-Quellhöhle mit zwei Quellöffnungen. Ein zweiter Bereich großer Höhlenhäufigkeit findet sich an der Westflanke des Obernachtales, wo die östlich des Klaffen versickernden Wässer, wieder an die Oberflä-

Unterwegs in Werdenfels
- Band 1: Geoabenteuer

che treten. Die meisten dieser Höhlen sind daueraktive Quellhöhlen, die schüttungsstärkste darunter der „Große Wasserfall" und machen eine Befahrung sehr schwierig und nur für Taucher möglich. Eine Ausnahme bildet das zu dieser Höhlenfamilie gehörige oben bereits erwähnte Angerlloch, das nur bei Hochwasserereignissen zur aktiven Quelle wird.

Aus dem Wetterstein sind ebenfalls zahlreiche Höhlen bekannt. Eine bemerkenswerte Gruppe darin sind die zahlreichen Karstschächte am Zugspitzplatt, die das später als Partnachquelle austretende Wasser von der Oberfläche des Zugspitzplatts in die Tiefe leiten. Andere Höhlen, z.B. im Bereich der Hochalm, sind trockengefallen und gehören einem heute nicht mehr aktiven Karstwassersystem an. Problematisch bei vielen Höhlen im Wetterstein ist ihre Lage in großen Höhen, sodass für die Forschungsarbeit nur wenige schneefreie Wochen im Sommer bleiben. Die Klimaerwärmung mit ihrem einhergehenden Gletscherschwund lässt Neuentdeckungen in den folgenden Jahren erhoffen.

Anders präsentieren sich die durch tektonische Prozesse entstandenen Höhlen. Durch Vorgänge während der Gebirgsbildung, die zu Bergzerreißungen und Spaltenbildung führten, wurden diese gebildet. Die Klufthöhle im Gipfelaufbau des Teufelstättkopfes ist eine der größeren dieses Entstehungstypes.

Der Vollständigkeit halber möchte ich noch kurz auf den dritten Typus eingehen, die sog. Auswitterungshöhlen. In Schwächezonen des Gesteins kann die Erosion, dabei besonders die Kräfte der Frostsprengung, nagen. Voraussetzung für eine Höhlenbildung ist neben einer Schwächezone im Gestein eine tagwärts fallende Höhlensohle, die es ermöglicht, dass die Höhle das ausgewitterte Material mittels Solifluktionsprozessen [Anm. d. Autors: = Bodenrutschung] selbstständig ausräumt. Ist eine ausreichende Neigung nicht gegeben, erstickt die Höhle in ihrem eigenen Auswitterungsschutt. Die auffällige Bärenhöhle bei Oberammergau ist ein Musterbeispiel dieses Höhlentyps. Bei kleineren Auswitterungshöhlen spricht man im Volksmund auch von Gufeln

Unterwegs in Werdenfels
- Band 1: Geoabenteuer

(auch Guffeln oder Kuffeln), da oft Wild dort Unterstand sucht, spricht man auch von Gamsgufeln. (Siehe *„Guffellöcher am Laubeneck"*)

Bevor wir nun in die Betrachtung einiger ausgewählter Höhlen einsteigen, möchte ich eindringlich zur Einhaltung der wichtigsten Sicherheitsregeln für eine Höhlenbefahrung ermahnen:

1. Niemals ohne Helm! Weniger um vor Steinschlag zu schützen, als vielmehr vor dem Kopfanstoßen an der Höhlendecke oder spitzen Vorsprüngen, die in der Dunkelheit kaum auffallen. Platzwunden am Kopf wären sonst vorprogrammiert.
2. Man bemesse den Energievorrat für die Beleuchtung großzügig und achte darauf, ein zweites, vom ersten völlig unabhängiges Beleuchtungssystem mitzuführen. Aus Naturschutzgründen ist auf offenes Licht zu verzichten, besonders stark rußenden Fackeln haben in Höhlen nichts verloren. Ich arbeite mit einer professionellen LED – Halogenkombination für Nah- bzw. Fernlicht, dazu gesellt sich ein Hochleistungshandstrahler und ein LED-Notlicht. Acetylen (Karbid) ist eine von der Lichttemperatur ausgezeichnete Beleuchtung, war bis vor wenigen Jahren das Maß aller Dinge, wird allerdings durch die schnell fortschreitende LED-Entwicklung immer mehr vom Markt verdrängt.
3. Niemals alleine in eine Höhle einfahren und niemals ohne vorher einer Person des Vertrauens das Ziel und die Rückkehrzeit gesagt zu haben, damit diese, sollte keine Rückkehr oder Rückmeldung erfolgen, die Höhlenrettung verständigen kann.
4. Wichtige Telefonnummer:
Höhlenrettung Südbayern, Leitstelle München:

089 / 2353 8000

Unterwegs in Werdenfels
- Band 1: Geoabenteuer

INFO Redundanz

lat. redundare „überlaufen", „im Überfluss vorhanden sein"

Darunter versteht man das gleichzeitige Vorhandensein funktional gleicher oder vergleichbarer Systeme. Sie dient dem Untertageforscher zur persönlichen Sicherheit. Die Redundanz zeigt sich v.a. bei der Auswahl des Geleuchts. Hier gilt: Niemals nur auf ein System verlassen! Es müssen unter Tage mindestens zwei, völlig voneinander unabhängige Beleuchtungstechniken mitgeführt werden, z.b. eine Stirnlampe und eine Taschenlampe.

Eisriesenwelt in der Bärenhöhle

„*Ein halbe Stunde davon* [Anm. d. Autors: i.e. von dem Dorf Oberammergau], *nächst an der Straße, befindet sich das sogenannte Bärenloch, ein Höhle im dichten Kalksteinfelsen, welche von gierigen Erzgräbern gleichfalls schon oft besucht und erweitert worden seyn mag.* [Anm. d. Autors: Es konnten hierfür keine Spuren gefunden werden, die sich bis heute erhalten hätten. Das Erscheinungsbild der Bärenhöhle ist deshalb als natürlich zu erachten.] *Ich fand in derselben nichts, als einige mächtige Adern vom Thone, der mit sehr vieler Talkerde gemengt, und an einigen Stellen mit Bergöl durchdrungen scheint; daher er auch, auf Kohlfeuer gebracht, einen bituminösen Geruch von sich giebt."* (10)

So schreibt bereits 1792 der Urvater aller bayerischen Geologen Mathias Flurl. Zweifellos war die Bärenhöhle bei Oberammergau, wie die Höhle heute genannt wird, den Menschen ob ihres auffallenden Portals oberhalb der Straße nach Ettal an der Kapellenwand schon vor Jahrhunderten wohl bekannt. Der direkt unterhalb der Höhle an der B23 gelegene Parkplatz macht sie zusätzlich zu einem leicht erreichbaren und häufig besuchten Objekt. Leider präsentiert sich die Höhle schmucklos, von der Figur des Auferstandenen abgesehen. Ihre Sohle steigt bis in den hintersten Bereich steil an, alleine die Größe der Halle lässt Staunen aufkommen. Die Bärenhöhle ist bei vielen Menschen sicher der erste Kontakt mit der Speleologie, so wie auch ich im zarten Vorschulalter hier mein erstes Untertageerlebnis hatte. Scheinbar so prägend, dass mich die Höhlenleidenschaft bis heute nicht losgelassen hat. Naturgemäß wird die Bärenhöhle v.a. in den Sommermonaten von Touristen und Einheimischen aufgesucht, wenige verirren sich des Winters in sie. Doch zu dieser Jahreszeit liegt ein besonderer Schatz in ihr verborgen!

Der Bärenhöhle markantes Portal.

Nach entsprechenden Dauerfrostperioden schmückt sich die Höhle selbst mit der eisigen Kristallpracht hunderter Eisstalaktiten und Eisstalagmiten. Die des Sommers unansehnliche Höhle gleicht dann einem edel geschmückten Festsaal, wie aus dem Wintermärchen übernommen.

Unterwegs in Werdenfels
- Band 1: Geoabenteuer

eisiger Schmuck

Festsaal des Eiskönigs

www.kaiser-geotrekking.de

Unterwegs in Werdenfels
- Band 1: Geoabenteuer

Die Pracht währt leider nur wenige Tage, bestenfalls Wochen. Mit einsetzendem Tauwetter kehrt die Höhle schnell wieder in ihren schmucklosen „Sommerschlaf" zurück. Besondere Vorsicht ist dann geboten. Achtung Lebensgefahr! Die zentnerschweren Eiszapfen fallen ohne Vorwarnung von der Decke und werden zu tödlichen Keulen, denen nicht der beste Helm etwas entgegenzusetzen hat. Deshalb nie bei Tauwetter einfahren!

Siehe auch Tourenvorschlag 11!

Ein verprellter Jesus in der Ölberghöhle

Klein aber fein, mit unerwartetem Inhalt, ganz bestimmt auch als „hintersinnig" – so könnte man die Ölberghöhle, welche etwa 250m südlich des Oberammergauer Schießplatzes, nahe der Einmündung des Kälberplattenweges in die Ortsverbindungsstraße nach Graswang liegt, kurz umschreiben. Speleologisch gesehen handelt es sich um ein unbedeutendes Objekt, mehr eine Halbhöhle oder Grotte als eine richtige Höhle. Adolf Triller, ein Münchener Höhlenforscher und speleologisches Urgestein, dokumentierte 1999 erstmals die Ölberghöhle gemeinsam mit seiner Gattin und berichtet von seinem ersten Besuch: „ ... als eine hohe Felswand hell aus dem grünen Buchenlaub schimmerte – und direkt daneben, hinter einer kleinen Lücke im dichten Blattwerk, ahnte man eine große, geheimnisvolle, dunkle Zone. Wir folgten sofort einer Pfadspur, die geradewegs gegen das Dunkel führte, einem riesigen Überhang, unter dem der Fels einer weiten Höhlung Platz machte. In der südwestlichen Ecke reichte eine enge Felsnische noch zwei, drei Meter schräg abwärts, hinein in die Felswand und davor lag ein großer, quaderförmiger Block. Was mir hier zuerst auffiel, waren die Reste einer Kerze, doch nach und nach erkannte ich die Konturen dieser liegenden Gestalt, von Menschenhand in den Stein gehauen! Nun untersuchten wir den Block genauer und fanden eine weitere Figur, die halb in den Block eintauchend, den Liegenden umarmte. Was hatten wir da wohl entdeckt?"

Unterwegs in Werdenfels
- Band 1: Geoabenteuer

Grablegungsszene in Stein gemeißelt.

Elke und Adolf Triller hatten auf ihrer inzwischen ein Jahrzehnt zurückliegenden Exkursion die Steinplastik des Künstlers Nikolaus Lang gefunden, dem Sohn eines ehemaligen Oberammergauer Bürgermeisters und einem Schüler der Schnitzschule Oberammergau sowie der Kunstakademie München. Er hatte die Skulptur um 1965 geschaffen. Über den vielsagenden Titel des Kunstwerks „Grablegung einer Christusfigur – vom Dorfe abgewandt" mag man ob der unmittelbaren Nähe zum Passionsspielort sich wundernd ins Nachdenken kommen. Was hat den Sohn Gottes so verprellt, dass er sich von Oberammergau abwendet? Die zweite Figur bezeichnet der Künstler als „Assistenzfigur". Nach eigenen Angaben habe ihn die Andeutung eines Kopfes auf der Westseite des Steines zu dieser Arbeit angeregt. Nikolaus Lang ist der Kunst treu geblieben. Er lebt heute in Murnau.

In den 90er Jahren machte die Ölberghöhle und die darin liegende Skulptur von sich durch einen archäologischen Irrtum reden. 1993 stießen auf Hinweis eines einheimischen

Unterwegs in Werdenfels
- Band 1: Geoabenteuer

Sondengängers Archäologen auf Römerfunde am Döttenbichl im Ammerknick südlich des Passionsortes. Nachdem schon etwa 90 Jahre früher nahebei ein ungewöhnlich gut erhaltener, silberverzierter römischer Offiziersdolch (Pugio) gefunden worden war, sprach man auch bei den Funden vom Döttenbichl von sensationellen Grabungsergebnissen. Die Gemeinde Oberammergau reihte sich nun als weiterer Fundort und Zeuge der römischen Herrschaft über die Provinz Raetien ein, die zur Zeit des Kaisers Augustus um 15vC entstand. Ein weiterer Einheimischer, infiziert vom Römerfieber, durchstreifte nun die geheimsten Winkel im und um den Döttenbichl und gelangte auf diese Weise, wie Triller 1999, auch in die Ölberghöhle. Das Finderglück meinte es gut mit ihm, denn er entdeckte dort eine scheinbar vielversprechende Steinskulptur. Die Nähe zur Grabungsstätte der Archäologen am Döttenbichl ließ ihn Römerblut lecken. Das Landesamt für Denkmalpflege staunte ebenfalls nicht schlecht, als der Finder den Bericht und das Bildmaterial einreichte und beschäftigte sich umgehend mit der Entdeckung in der Ölberghöhle. Der Finder, der der Ölberghöhle und der Steinskulptur inzwischen einen Geocache (siehe www.geocaching.com) widmete, fühlte sich ein paar Tage „ein klein wenig berührt", leider kam die Ernüchterung kurze Zeit später, denn die von ihm gefundene, überlebensgroße Skulptur war bei Oberammergauer Fachleuten wohlbekannt. Trotzdem Hut ab vor dem auf jeden Fall richtigen Schritt, einen möglicherweise wichtigen Fund ordentlich den Behörden anzuzeigen und Respekt, den unterhaltsamen Irrtum im Rahmen eines Geocaches zu veröffentlichen.

Nikolaus Lang erklärt die zunächst vermutete Datierung seines Werkes auf die Römerzeit: „Später haben dort [Anm. d. Autors: in der Ölberghöhle] allerlei Feiern stattgefunden. Oft wurde ein Feuer auf dem zentralen Stein der Höhle, eben auf meiner Figurengruppe, entfacht. Kalkstein und Feuer vertragen sich nicht sehr gut, deshalb alterte der Stein vorzeitig und rief wohl den Eindruck hervor, antik zu sein."

Siehe auch Tourenvorschlag 12!

Unterwegs in Werdenfels
- Band 1: Geoabenteuer

Überraschung im Reich der Gipsnadeln

Mit dem Auto fast erreichbar, die Höhle am Pumpwerk (dunkler Spalt in der oberen Bildmitte). Doch selbst der beste Geländewagen muss hier kapitulieren. Die Fundamentreste des Pumpwerks liegen unter dem großen Felsbrocken links neben dem Auto begraben. (Siehe auch den Bericht „Volltreffer am Frauenwasserl" unter Kurioses und Wissenswertes!)

www.kaiser-geotrekking.de

Unterwegs in Werdenfels
- Band 1: Geoabenteuer

Es gibt Aufgaben, die beschäftigen einen über Jahre hinweg. Eine solche Nuss, die zu knacken war, war für mich die Höhle am Pumpwerk, gleich neben dem Klettergarten „Frauenwasserl" an der Ortsverbindungsstraße zwischen Oberammergau und Graswang gelegen. Da sie eine der wenigen Höhle ist, deren Portal nicht versteckt liegt sondern deutlich zu sehen ist, war sie mir schon als Kind bekannt. Da ich sonst nur die Bärenhöhle bei Oberammergau kannte war dies eben die „Kleine Bärenhöhle" und sie zog mich schon als Dreikäsehoch magisch an. Nur, da war kein Rankommen.

Als ich nach Studium und Berufsausbildung wieder in meine Heimat zurückkehrte, stand die „Kleine Bärenhöhle" – in der Zwischenzeit wusste ich, dass sie unter dem Namen „Höhle am Pumpwerk" im offiziellen Höhlenkataster geführt wird – ganz oben auf der To-do-Liste. Da ich kein Kletterer bin, unterstütze mich beim ersten Befahrungsversuch Ende des letzten Jahrtausends ein kletterkundiger Kollege. Doch zu diesem Zeitpunkt sollte die Befahrung noch nicht gelingen. Mein Kamerad rutschte schon beim Zustieg auf dem schmierigen Hangschuttkegel aus und zog sich eine böse Schürfwunde am Ellbogen zu, an ein Hochklettern zur Höhle war nicht mehr zu denken. Es dauerte über zehn Jahre, bis ich die Befahrung ein zweites Mal in Angriff nahm und schließlich zum Befahrungserfolg gelangte.

Es war nicht nur der jahrelange Drang, diese Höhle endlich zu befahren, sondern auch die Neugier, denn ich hatte eine eigenartige Geschichte gehört: In der Höhle wüchsen über den ganzen Boden verteilt Gipsnadeln bis zu 10cm Größe. Die wollte ich natürlich sehen und photographieren. Da Gips in Werdenfels durchaus häufig im Untergrund vorkommt [Anm. d. Autors: Die alten Gipsbrüche in Oberau sind das bekannteste Beispiel dafür.] schien es durchaus plausibel, in der Höhle auf auskristallisierte Gipsnadeln zu stoßen.

Auch bei diesem zweiten Befahrungsversuch wurde ich tatkräftig von einem kletterkundigen Kameraden unterstützt. Der Zustieg über den Schuttkegel war zwar schmierig aber gut zu bewältigen. Schnell waren wir am untersten Stockwerk der

Unterwegs in Werdenfels
- Band 1: Geoabenteuer

Tom im Klettereinsatz am Frauenwasserl

unverzichtbare Sicherheitsausrüstung

www.kaiser-geotrekking.de

Unterwegs in Werdenfels
- Band 1: Geoabenteuer

Höhle angekommen. Bei der Höhle am Pumpwerk handelt es sich um eine typische Spaltenhöhle, die durch Auswitterung des durch tektonische Prozesse mürbe gewordenen Gesteinsmaterials entstanden ist und sich über einige Zehnermeter entlang der steilstehenden Störungsfläche hinzieht. Hier, im „Kellergeschoss", das sehr mickrig ausgebildet ist und kaum Untertagestrecke bietet, begann der Einstieg in den Fels. Tom Lunzer erklomm gämsengleich die erste Felsbarriere und konnte einer steilen Rinne folgen, die ihn vor das nächste Stockwerk der Höhle leitete. An einem Seil gesichert konnte ich – mehlsackgleich – nachsteigen. Groß war die Erschöpfung vor der Höhle, groß die Begeisterung, endlich „da" zu sein und noch größer die Überraschung, wie weit die Höhle sich in den Berg hineinzog. Linker Hand folgte sie der schon erwähnten steilstehenden Störung, die teilweise als Harnischfläche ausgebildet war. Nach rechts oben geht es in ein weiteres Stockwerk, das allerdings sehr unspektakulär endet. Das Herzstück der Höhle war eindeutig das mittlere Stockwerk, in dem wir uns nun befanden.

Der erste Eindruck war eher enttäuschend, denn ... nirgendwo waren Gipsnadeln zu sehen. Der helle, chlorophylllose Stängel eines Krautes, das im hinteren Eingangsbereich Tageslicht zu ergattern suchte, ließ kurz aufmerken, von Gipskristallen aber weit und breit keine Spur. Auffällig dagegen war das große Bergmilchvorkommen [Anm. d. Autors: Bei Bergmilch handelt es sich um hochgesättigtes Kalkwasser, das weißlich schimmert und daher seinen Namen trägt.] in vielen Bereichen der Höhle. Sollte jemand die kalkige Bergmilch mit Gips verwechselt haben? Möglich wäre dies.

Höchst überraschend war dagegen die Tiefe der Höhle. Gut 40m werden es wohl sein, die sich der Spalt in die Tiefe des Berges zieht, sich dabei immer mehr verjüngend. Eine beachtliche Strecke.

Und dann fiel mein Blick auf eine sonderbare, rötliche Färbung im Gestein: Manganoxid! Der Rohstoff dem die Venedigermanndl so hinterher waren. Doch die eigentliche Sensation entbarg sich wenige Dezimeter neben dem Manganoxidvorkommen: Eindeutige Schrämspuren. Hier war Bergbau betrieben worden!

Was für Überraschungen! Die nichtvorhandenen Gipsnadeln mutieren zu üppigem Bergmilchrasen, die Naturhöhle als solche zum Bergwerk. Eingedenk des schwierigen Zustiegs stieg mein Respekt vor den Venedigermanndln ins Unermessliche.

Die Höhle am Pumpwerk war gefallen. Sie gab ihr Geheimnis preis und zeigte damit mehr als deutlich, dass man überall mit allem rechnen muss. Der Abstieg gestaltete sich durch die Seilsicherung einfach, groß war die Erleichterung, die Nuss geknackt zu haben und wieder gesund zurückgekehrt zu sein.

In diesem Zusammenhang nochmal ein herzliches Dankeschön an Tom, ohne dessen Kletterfähigkeiten das Geheimnis der Höhle am Pumpwerk noch immer im Dunkeln läge.

Der Einsiedler im Guckaloch

In der alten „Heimatkundlichen Stoffsammlung" des Landkreises Garmisch-Partenkirchen steht im Abschnitt „Graswang" unter „Volkskundliches" Folgendes zu lesen:

„Sagen oder Legenden sind keine vorhanden. Die ältesten Einwohner des Dorfes wissen aber zu berichten, daß(!) vor etwa 100 Jahren in der Höhle am Sonnenberg neben dem Wasserfall („Guckaloch") [Anm. d. Autors: „Gucka" mundartlich für „Kuckuck"] ein Einsiedler hauste, der nur selten zu Tal kam und auf einer Steinplatte drei Holzkreuze aufgestellt hatte." (11)

Auf der daneben abgedruckten Karte ist eine entsprechende Eintragung auszumachen: *„Guckaloch"* rechts neben dem *„Sturzbach"*, knapp südlich der *Gemeindegrenze*.

Unterwegs in Werdenfels
- Band 1: Geoabenteuer

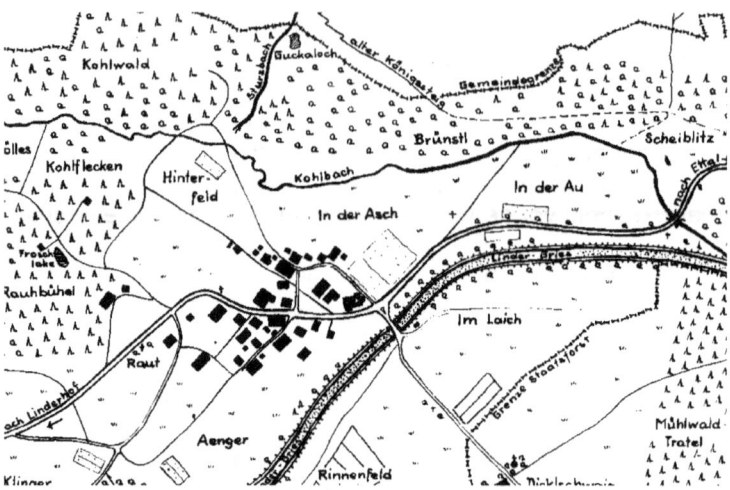

Ich begann im Kopf zu überschlagen: Die alte Heimatkundliche Stoffsammlung stammt aus dem Jahr 1967. Die darin erwähnten *„ältesten Einwohner"* dürften in den letzten Dekaden des 19. Jahrhunderts geboren worden sein. Wenn sie von *„vor etwa 100 Jahren"* sprechen, müsste der Einsiedler auf 1850-1880 zu datieren sein. Die *„ältesten Einwohner"* waren damals folglich Kleinkinder. Warum weiß man heute nichts mehr davon? Wenn im Guckaloch in der Tat ein Mensch über längere Zeit gehaust hätte, müsste sich dessen Geschichte doch über Generationen erhalten haben. Wie konnte er sich versorgen, wie konnte er darin überhaupt überleben? Oder handelte es sich bei dem Phantom um ein frühpädagogisches Mittel zur Erziehung der Graswanger Kinder? *Wenn du am Sonntag nicht zur Messe gehst, dann kommt der Mann aus dem Guckaloch?* Fragen über Fragen. Also hin und vor Ort überprüfen. Als Speleologe lockte mich natürlich das Guckaloch als Höhle, der Einsiedlermythos war das Tüpfelchen auf dem i.

Mir kam zu Gute, dass ich im Ammertal aufgewachsen war und einige einheimische Graswanger seit meiner Kindheit kannte. Ich hoffte darauf, dass diese mir weiterhelfen könnten. So wurde mir in der Vorrecherche die Existenz und Lage der

Unterwegs in Werdenfels
- Band 1: Geoabenteuer

Höhle zwar bestätigt, von dem Einsiedler jedoch wusste niemand zu berichten. Eine Ortsbegehung sollte Gewissheit bringen. Das vom Tal aus deutlich sichtbare Objekt befindet sich im Südhang des Sonnenberges, etwa 150 Höhenmeter oberhalb Graswang, orographisch links neben einer markanten Wasserfallstufe. Die etwa 20m breite, 15m hohe und 20m tiefe Auswitterungshöhle im Doggerkieselkalk war nur in heikler Kletterei zu erreichen. Im steilen Schrofengelände unterhalb der Höhle war es schier unmöglich einen sicheren Tritt zu finden. Viel Lockermaterial und erdig, schmierige Bereiche machten die Verwendung eines Sicherungsseiles unumgänglich. Mit Hilfe eines Eispickels wurden in mühseliger Arbeit Standplätze und Stufen bereitet. Im Guckaloch angekommen präsentierte sich dieses im stark vereinfachten Grundrissbild als Trapez, wobei das Mundloch die kürzere der beiden Parallelseiten darstellt. In der NW- und in der NE-Ecke (hier zwei) befinden sich kammerartige Auswitterungsnischen, die den sonst einförmigen Grundriss bereichern. In der kleineren der beiden Nischen beißt in der Decke ein ca. 30cm langes, wenige cm breites Erznest aus. Sollte das Guckaloch die zeitweilige Behausung eines Bergmanns gewesen sein? Spuren ehemaliger Bergbautätigkeit konnten allerdings nicht entdeckt werden. Die durchgehend tagwärts fallende Sohle, welche mit Lehm und (Block-)Schutt bedeckt ist, führt, verbunden mit der bergwärts fallenden Decke, zu einer steten Abnahme der Raumhöhe. Spuren von winterlicher Needle-Ice Bildung und damit verbundener Solifluktion zeigte sich am Exkursionstag allgegenwärtig. Das Guckaloch putzt sich selber aus!

Artefakte oder sonstige Hinweise auf die Existenz des in der Heimatkundlichen Stoffsammlung erwähnten Einsiedlers konnten nicht nachgewiesen werden. Auch der Metalldetektor blieb stumm. Bis auf eine paar unscheinbare, von Menschenhand zu einer kleinen Mauer übereinandergeschichtete Steine, waren keinerlei anthropogene Spuren auszumachen. Wäre es überhaupt möglich gewesen, in diesem zugigen Loch längerfristig zu hausen? Einige Tropfstellen hätten möglicherweise den Trinkwasserbedarf decken können. Aber allein die Tatsache, dass der Höhlenboden durchgängig steil geneigt ist, lässt Zweifel an der Bewohnbarkeit aufkommen. Fehlanzeige für Verebnungsspuren. Spuren von Ruß- oder Aschereste fehlen ebenso. Auch bietet das Guckaloch keinerlei Rückzugsmöglichkeiten vor der unwirtlichen Witterung. Die kleinen Nischen taugen nicht als „Wohnkammern". Die Geschichte vom Einsiedler ist zwar spannend aber nach den getätigten Untersuchungen mit großer Wahrscheinlichkeit in den Bereich der Sagen einzuordnen.

Überlegenswert wäre noch eine Theorie, die auf die Umtriebe der Venedigermanndl in unserer Gegend abzielt. Da wir im Guckaloch Vererzungsspuren nachweisen konnten, mag das Objekt gut möglich auch das Interesse der Venediger geweckt haben. Vorstellbar ist, dass das Guckaloch von diesen genauestens untersucht worden war, möglicherweise auch Abbau betrieben wurde, ähnlich wie es in der Bärenhöhle im benachbarten Oberammergau oder in den Höhlen am nahen Laubeneck, in kleinem Maßstab geschah. In diesem Zusammenhang würde auch ein mehrtägiges „Campieren" in der Höhle Sinn machen. War der Einsiedler vielleicht ein Venediger?

Steinmäuerchen im Guckaloch – das einzige Artefakt

Unterwegs in Werdenfels
- Band 1: Geoabenteuer

Sicherheitshinweis

Ich rate dringend von einer Befahrung des Guckaloches ab. Der Zustieg ist extrem gefährlich, in der Höhle selbst droht akut Steinschlag.

Bunte Unterwelt – die Blaue Grotte

Schon lange war mir immer wieder die Geschichte um die „Blaue Grotte" im Kramer zu Ohren gekommen. Eine kleine Höhle, die von einem Garmischer blau angemalt worden sei. Eine ungewöhnliche Sache, der ich gerne auf den Grund gehen wollte. Doch meine Nachfragen hier und da blieben ohne Erfolg. Sogar in den Erläuterungen zur Geologischen Karte ist das Objekt erwähnt, wo es sich genau befindet, blieb allerdings ungesagt. Eines Tages betrat allerdings Kommissar Zufall die Bühne und bescherte mir vormittags eine Bekanntschaft, die mich am Nachmittag desselben Tages zu der langgesuchten Blauen Grotte führte. Das Objekt befindet sich in der Südflanke des Kramers zwischen Ackerlaine und Dürerlaine, am Fuße einer überhängenden Felswand in der Nähe eines undeutlichen Jagdsteiges. Nahezu nicht zu finden, wenn man nicht genau weiß, wo man zu suchen hat. Das Problem in diesem Geländeabschnitt ist die Steilheit: Felspartien wechseln sich mit Steilrasen ab. Einmal falsch „abgebogen" und man läuft wenige Meter über oder unter der Blauen Grotte vorbei ohne zu ahnen, ihr so nah zu sein. Höchst aufmerksam folgte ich meinem ortskundigen Führer, um den schwierigen Zustieg genau im Geiste zu speichern. So erreichten wir mal mehr, mal weniger weglos einen Graben; erklommen in diesem aufsteigend eine Verebnung unter einer markanten, überhängenden Felswand, an deren Fuß sich das Mundloch der Höhle befinden sollte.

Das durch Murenabgang in der nahen Rinne teilweise verschüttete, sich nun halbelliptisch präsentierende Mundloch (1,6m x 0,7m) mit horizontaler, leicht bergwärts fallender Soh-

Unterwegs in Werdenfels
- Band 1: Geoabenteuer

le war erreicht. Und tatsächlich, es war blau angemalt! Endlich! Ich stehe an der Blauen Grotte! Der Grundriss der kleinen Auswitterungshöhle präsentiert sich im T-Profil. Überraschend war, dass man sich, nachdem man in die Höhle auf dem Bauch einfahren muss, eineinhalb Meter weiter bergwärts aufrecht stehen kann! Viel Platz ist allerdings nicht. Es handelt sich bei der Blauen Grotte um eine typische Auswitterungshöhle, die an verschiedenen Störungen angelegt ist. Das steile Relief des Hanges und die Erosionsleistung des benachbarten Baches begünstigten, bis zu dem oben erwähnten Murenabgang, das selbstständige Ausräumen der Höhle. Interessanter als die speleologischen Aspekte erschienen mir aber die historischen. Die Höhle wurde um 1890 von einem Garmischer Gastronom (Urgroßvater meines Führers) entdeckt. Die landschaftlich eindrucksvolle Szenerie um die Höhle hatte diesen veranlasst, dort mit Familie und Freunden Feiertage zu verbringen und Feste zu feiern. An dieser Tradition hält die Familie bis heute fest. Während der letzten 30 Jahre wurde der Bereich am Fuße der Felswand von ihr künstlich durch Aufschüttung von Material und terrassenähnliche Abstützung mit Baumstämmen verebnet. Eine Feuerstelle wurde angelegt und eine kleine Bank errichtet. Ursprünglich namengebend war wahrscheinlich der die Felswand überziehende, bläuliche Biofilm, nicht die blaue Farbe des Höhlenmalers! Diese Ausschmückung des Eingangsbereichs der Höhle wurde erst viel später, um 1960, angebracht.

Es klingt...(Jeans Arp)

Es klingt
es rauscht
es hallt
es widerhallt
es sprüht
es duftet
und wird andächtig singendes Blau.
Das Blau verblüht zu Licht.

Unterwegs in Werdenfels
- Band 1: Geoabenteuer

Befahrung Blaue Grotte [Photo Mayer]

Totwald im Friedergrieß

www.kaiser-geotrekking.de

Unterwegs in Werdenfels
- Band 1: Geoabenteuer

Excentriques im Gamsloch

INFO Excentriques

„Exzentriker" werden sie eingedeutscht genannt. Dabei handelt es sich um äußerst seltene Sinterformen, die scheinbar entgegen den Gesetzen der Schwerkraft in alle möglichen Richtungen wachsen können. Von oben nach unten, wie die normalen Stalaktiten, hakenschlagend oder in Bogenform zur Seite, auch wider die Schwerkraft von unten nach oben, wie Stalagmiten. Sie machen scheinbar was sie wollen und bezaubern den Betrachter mit ihrem eigenmächtigen Wuchs. Es gibt verdrehte Excentriques, solche die aussehen wie gekringelte Würmer, in manchen Höhlen gibt es regelrechte Excentriquesrasen. Ihrem Formenreichtum ist scheinbar keine Grenze gesetzt. Über ihre Entstehung ist man sich bis heute nicht einig. Zweifellos spielen Kapillareffekte und winzig kleine Kräfte im atomaren Bereich der Kristallgenese dabei eine Rolle, auch der Einfluss wechselnder Bewetterung (Luftzug in der Höhle) mag die Richtung ihres Wachstums beeinflussen. Excentriques kommen in einigen südfranzösischen Höhlen in besonders großer Zahl und Vielfalt vor, daher rührt wohl auch ihr französischer Name. In den Höhlen des Werdenfelser Landes wurden sie bisher nur im Gamsloch beschrieben, lediglich an einer zweiten Stelle, nämlich in einer Felsspalte in der Frickenhöhle, konnte ich Excentriques in einem zweiten, wenn auch wesentlich kleineren Vorkommen nachweisen.

Das Gamsloch hoch oberhalb Farchant ist eine ganz besondere Höhle. Mit ihrer nur 57m vermessener Ganglänge zählt sie zwar zu den kleineren Höhlen in Werdenfels. In mehrfacher Hinsicht ist sie aber ein Kleinod. Das beginnt schon mit dem Zustieg. Kein Weg, kein Steig, nichts führt auch nur in die Nähe des Gamsloches. Mühsam will der Zustieg durch ein steiles, wildes Gelände gemeistert werden, tiefe Gräben müssen gequert werden, undeutliche Jägersteige leiten den Ortsunkundigen leicht in die Irre, das Ganze erschwert durch viele

Unterwegs in Werdenfels
- Band 1: Geoabenteuer

kreuz- und querliegenden Baumleichen eines großen Windbruchs, ausgelöst durch einen sehr heftigen Föhnsturm am Samstag, den 16.11.2002. Trittsicherheit und ein überdurchschnittlicher Orientierungssinn sind hier absolut notwendige Voraussetzungen des Erfolgs.

Vom Tal aus in die Westflanke des Hohen Fricken blickend erkennt man unschwer drei parallel übereinander, nahezu horizontal verlaufende Felsbänder. Das untere Felsband muss überwunden werden, der Eingang des Gamslochs befindet sich im mittleren Felsband. Beim Zustieg, besonders im letzten Abschnitt, ist auf Steinschlag zu achten, im Winter und Frühling auch auf Eisschlag, oftmals ausgelöst durch abspringende Gämsen oder im anderen Fall durch die Wärme der Frühlingssonne. Über Steilschrofen und Steilrasen wird der Höhleneingang erreicht, den man erst sieht, wenn man direkt davor steht. Der Eispickel dient als „dritte Hand".

Der Autor im Steilgelände vor dem Gamsloch. Im Tal - Farchant. [Photo Proske]

www.kaiser-geotrekking.de

Unterwegs in Werdenfels
- Band 1: Geoabenteuer

Was für eine Szenerie! Am Höhleneingang angekommen erwartet den Speleologen im Hintergrund eines Felsenodeons das Tagende eines unscheinbaren Höhlenganges. Einen souveränen Kontrapunkt dazu setzt ein sensationeller Minicanyon im Vordergrund, etwa einen Meter tief und knapp 20cm breit, gleichsam dem Schlussböller eines Festtagsfeuerwerks inszeniert dieser, ungewohnt markant, den Übergang von Licht zu absoluter Dunkelheit.

Ausblick nach Nordwesten aus dem Felsenodeon des Gamslocheingangsbereiches: rechts der unteren Bildmitte der Minicanyon; im Hintergrund Frühlingsgewitter über Ettal. Gut zu erkennen die Ettaler Bergstraße in flachem Verlauf eine Linie im Hang ziehend.

Die Befahrung des Gamslochs ist im Gegensatz zum Zustieg dorthin unschwierig, aber eng und dreckig. Höhlenlehm allenthalben, besonders ab dem zweiten Drittel der Höhle. Nirgends sonst habe ich jemals so einen zähen, klebrigen Lehm erlebt. An den Schuhsohlen bilden sich nach wenigen Schritten kiloschwere Lehmklumpen, das gepflegte Äußere des Speleologen wird heftig in Mitleidenschaft gezogen.

Unterwegs in Werdenfels
- Band 1: Geoabenteuer

Zunächst begrüßt den Untertagegast allerdings auf den ersten Metern ein Höhlenbereich, der den Eindringling in eine demutsvolle Haltung und auf den Bauch zwingt. Dieser Abschnitt ist ein verhältnismäßig sauberer, vom Profil her wunderschön geformter Gang. Fließfacetten lassen eindeutig auf Laugung schließen.

Fließ- oder Laugungsfacetten im Gamsloch

Am bergwärtigen Ende des Gangschlauches, fast 50m im Berg, ist momentan finis terrae, auch wenn Höhlenforscher diverser Arbeitsgruppen hier eifrigst nach einem Weiterkommen suchten, denn aufgrund der topografischen Lage des Gamsloches, wäre durchaus eine Verbindung zum System der nahen Frickenhöhle denkbar (Hochwasserüberlauf?). Bei Grabungsbemühungen vor vier Jahrzehnten konnte zwar ein Versturz ausgeräumt und das Gamsloch erweitert werden, doch alle weiteren Versuche, durch Grabung Neuland zu gewinnen, blieben ohne Erfolg. Vor Ort liegende Heberschläuche zum Trockenlegen eines Siphons und des hinteren Höhlenabschnittes sind stumme Zeugen dieser Versuche. Vielleicht

Unterwegs in Werdenfels
- Band 1: Geoabenteuer

gelingt es den Speleologen der kommenden Generationen, eine Fortsetzung zu finden.

Ungewöhnlich schönes Gangprofil

Das eigentliches Juwel des Gamslochs offenbart sich völlig unerwartet und in kleinsten Formen: Excentriques! Grund genug, die seltenen Exzentriker im Gamsloch genauer unter die Lupe zu nehmen. Die Excentriques im Gamsloch befinden sich etwa 20m hinter dem Eingang, an einem Gangknick an der Höhlendecke. Vorsicht! Nicht mit dem Helm anstoßen und abbrechen! Lassen wir nun Bilder sprechen.

SICHERHEITSHINWEIS

Von einem selbständigen Suchen nach dem Gamsloch ist Abstand zu nehmen. Das Gelände ist schwierig und die sensible Ökologie verlangt eine sehr bedachte Befahrung.

Unterwegs in Werdenfels
- Band 1: Geoabenteuer

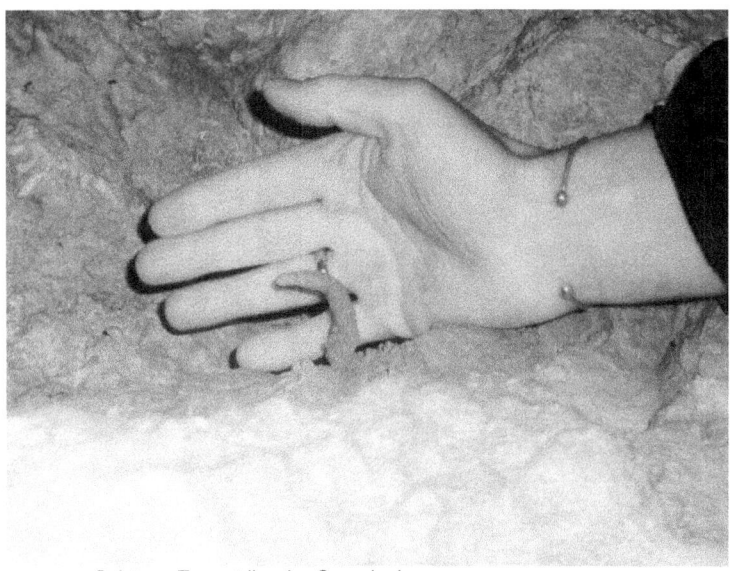

Schöner Exzentriker im Gamsloch.

FINIS TERRAE – Syphon ist vollgelaufen. [Photo Proske]

www.kaiser-geotrekking.de

Unterwegs in Werdenfels
- Band 1: Geoabenteuer

Unterwegs in Werdenfels
- Band 1: Geoabenteuer

Die Höhle im Ofenberg

Nördöstlich von Griesen grenzt der Ofenberg das Friedergrieß nach Süden hin zum Loisachtal ab. An seiner Nordflanke steht ein markanter Hauptdolomit Felsgürtel an, in der man über einer Waldzone, ein hohes, dunkles Höhlenportal erkennen kann. Es handelt sich dabei im eine Klufthöhle, die an einer riesigen, glatten Harnischfläche angelegt ist. Beeindruckend ist nicht nur diese mit Striemen gezeichnete Harnischfläche, sondern auch die unerwartete Höhe des Eingangsportals von gut 20m. Die anfangs 5m breite Höhle verengt sich klammartig und endet 24m weiter im Berg. Es ist sehr mühsam, sich durch den steilen Bergwald weglos vom Friedergrieß aus in etwa einer halben Stunde zum Objekt hochzuarbeiten, die Szenerie der Höhle lässt aber die Mühen schnell vergessen und wandelt sie in stilles Staunen.

INFO Harnischfläche

Das Wort „Harnisch" stammt aus der Sprache der Bergmänner und bezeichnet glatte Verwerfungsflächen. Solche Verwerfungsflächen sind Zerreiß- oder Bruchstellen im Gestein, in der Größe vom Zentimeter bis hin zu mehreren Zehnerkilometern, die entstehen, wenn durch Prozesse der Plattenbewegung (Tektonik) Erdkrustenteile gegeneinander versetzt werden. Dabei bilden sich teils ausgeprägte Harnische, die durch die Reibung der Gesteinspakete glatt, manchmal nahezu spiegelnd und/oder mit Bewegungsrillen (Striemen) versehen sind. Als die Bergwerke noch im händischen Betrieb mit Hammer und Meißel vorgetrieben wurden, folgten die Knappen gerne solchen Harnischflächen, da so die Formatierung eines der beiden Ulme (Ulm = Seitenwand des Stollens) entfiel. Eine nicht zu unterschätzende Arbeitsersparnis, besonders zu Zeiten, an denen die Stollen noch nicht durch Sprengungen aufgefahren wurden.

Unterwegs in Werdenfels
- Band 1: Geoabenteuer

dunkles Eingangsportal in Bildmitte

Siehe auch Tourenvorschlag 13!

Farchant West

Westlich von Farchant, in den Flanken des Grubenkopfes und des Heubergs, steht, anders als im östlich des Tales gelegenen Estergebirge, verkarstungsfähiger und für die Höhlenentstehung geeigneter Plattenkalk schon in Talnähe an. Hier sind drei Kleinhöhlen zu finden, die einen interessanten Einblick in die hydrologischen Vorgänge der Zone des sog. „vadosen Karstes" bieten.

In dieser vadosen Zone liegen, von Norden nach Süden, die Heubergkluft, unter Einheimischen auch als Schneiderhöhle bekannt, die Wassertalursprunghöhle und die Spielleitenhöhle. Bei allen drei handelt es sich um junge Talzuflusshöhlen, die heute nur noch bei Hochwasserereignissen als Quellen anspringen.

Unterwegs in Werdenfels
- Band 1: Geoabenteuer

INFO Karst / Verkarstung

Unter Karst versteht man in den Geowissenschaften die auf Wasserlösung zurückzuführende Formung von Kalkgesteinen. Der Begriff wurde im 19. Jahrhundert von deutschen Geographen von der Landschaft „Karst" zwischen Triest in Italien und dem Berg Snežnik in Slowenien als Typlokalität für geomorphologisch ähnliche Landschaften auf der Erde abgeleitet.

Sickerwässer lösen im Untergrund den Kalk und treten irgendwo als Quelle wieder ans Tageslicht oder ergießen sich ins Grundwasser. Dabei entstehen Hohlräume. Der im Gebirgsstock permanent geflutete Bereich wird als „phreatischer Karst" bezeichnet, wobei die darüberliegende Zone, die vom Wasser nur durchsickert aber nicht geflutet wird, „vadoser Karst" genannt wird.

Beginnen möchte ich mit der größten und eindrucksvollsten der drei Kleinhöhlen, der Heubergkluft. Gut 150 schwierige Höhenmeter sind im steilen Bergwald des Heubergs zu erklimmen, um den sehr versteckt liegenden Eingang der Höhle zu finden. Geringe Erfolgsaussichten ohne ortskundige Führung. Abgestorbene Vegetation v.a. Laub, machen den Aufstieg zudem rutschig und gefährlich. Das Höhlenmundloch präsentiert sich in einem gleichmäßigen, elliptischen Profil. Es wirkt wie ein großes Auge. Auf dem Bauch liegend, mit ausreichend Platz nach rechts und links (etwa 1m Breite, 0,5m Höhe) geht es beständig bergwärts nach unten. Es empfiehlt sich Knie- und Ellbogenschoner zu tragen, denn die Gangsohle ist mit grobem Geröll bedeckt. Nach etwa 40m erreicht man eine Engstelle, die schlufend überwunden werden muss. Hier ändert sich das Profil der Höhle markant: Die Ellipse wird zu einer senkrecht stehenden Kluft, die steil bergwärts fällt und alsbald in den phreatische Karst eintaucht. Spätestens an dieser Stelle wird deutlich, dass die Höhle eigentlich eine Karstquelle ist, heutzutage aber nur noch sporadisch.

Unterwegs in Werdenfels
- Band 1: Geoabenteuer

Der Rückweg ist anstrengend, denn nun geht es bergauf. Nur an einer einzigen Stelle ermöglicht die Heubergkluft ein aufrechtes Stehen und kurzes Sortieren der Knochen. Auf dem Bauch robbend erblickt man bald erste schwache Lichtstrahlen, die das nahe Tagende verkünden. Die wohlverdiente Brotzeit auf der Felsterrasse unterhalb des Höhleneinganges schmeckt doppelt gut.

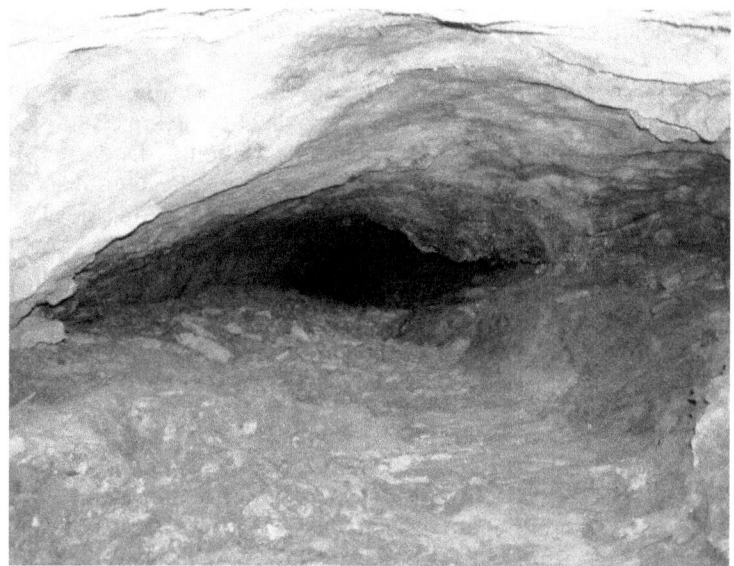

elliptisches Mundloch der Heubergkluft

INFO - Die Wahrheit über Gämseneier

Wenn die Geiß im Frühjahr keinen Bock mehr hat, zieht sie sich in hohe, einsame Regionen zurück, um dort ihre Eier ablegen zu können. Bereits Ende April boxen sich die ersten Gamskitze mit ihren Huckelkrickerln durch die Schalen und schlüpfen aus. Schlotzt allerdings vor dem Schlüpfen ein Wolpertinger die Eier aus, entfällt die Geburt.

Unterwegs in Werdenfels
- Band 1: Geoabenteuer

Autor bei der Photodokumentation der Heubergkluft [Photo Proske]

Heubergkluft

Unterwegs in Werdenfels
- Band 1: Geoabenteuer

Am Ursprung des ebenfalls meist trockenen, felsblockübersäten Wassertalgrabens, findet sich der kleine Eingang in die Wassertalursprungshöhle. Nur 40cm Luft zwischen Höhlensohle und -decke bleiben dem Höhlenforscher, um sich knapp 20m in den Berg zu quälen. Das unschliefbare Ende mündet irgendwo im Berg im phreatischen Karst, welcher bei Hochwasserereignissen die Höhle zur Quelle werden lässt.

Sicherheitshinweis: Forststraßenbauarbeiten wenige Meter über dem Höhleneingang vor einigen Jahren haben dazu geführt, dass Felsbrocken über, neben und teilweise vor den Höhleneingang geschoben wurden. Bei einer Befahrung ist diesem labilen Sargdeckel unbedingt Aufmerksamkeit zu widmen.

Da rein? Der vor einigen Jahren noch unverstürzte Eingang der Wassertalursprungshöhle.

Der südliche Nachbar der Wassertalursprungshöhle ist die Spielleitenhöhle. An einer mittels Holzrinne gefassten Quelle entspringt der Spielleitenbach dem Bergwasserspeicher, der

Unterwegs in Werdenfels
- Band 1: Geoabenteuer

in den Tiefen des Berges das Befahrungsende der ca. 200m nebenan gelegene Spielleitenhöhle bedeutet. Diese präsentiert sich eher hoch als breit und (0,5m Breite und 1m Höhe), ganz anders als Wassertalursprungshöhle und Heubergkluft, die mehr in die Breite angelegt sind. Auf gut 20m ist die Höhle problemlos zu befahren, wenn man sich mit der Enge anfreunden kann. Trotzdem rate ich jedem sich auf diese Erfahrung einzulassen und sei es nur auf wenige Meter. Auch Platzangstphobien können hier gefahrlos „ausgetestet" werden.

Sicherheitshinweis: Neben dem obligatorischen Helm sind unbedingt derbe Handschuhe und Knieschützer anzuziehen, da irgendein Kleingeist eine oder mehrere Glasflaschen im Eingangsbereich zerschlagen hat und trotz aller Suche immer noch Splitter und Kleinscherben Verletzungsgefahr bergen.

Spielleitenhöhle, eng aber schlufbar

Siehe auch Tourenvorschlag 14!

Unterwegs in Werdenfels
- Band 1: Geoabenteuer

Kurioses und Wissenswertes

Unterwegs in Werdenfels
- Band 1: Geoabenteuer

Volltreffer am Frauenwasserl

Es war im Sommer 1989 oder 1990, ich fuhr damals in den Semesterferien täglich mit dem alten Hercules Mofa nach Linderhof, wo ich einen Ferienjob hatte. Das Geld für ein erstes eigenes Auto und das Studium sollte verdient werden. Eines Tages war die Freude groß, denn ein ungewöhnlich heftiges Gewitter vertrieb schon am frühen Nachmittag selbst den hartgesottensten Schlossbesucher aus dem Park, folglich wurde der Kiosk in dem ich arbeitete vorzeitig geschlossen und für mich war ein unerwartet früher Feierabend angesagt. Im strömenden Regen bei Gewitter auf dem Mofa heim nach Unterammergau zu fahren, das war damals eine Selbstverständlichkeit. Schon auf der Fahrt von Linderhof nach Graswang fielen mir die unzähligen Sturzbäche auf, die links und rechts an den steilen Bergflanken des Pürschlingkammes und der Notkarspitze dem Tal zustrebten. Bäche, wo ich vorher noch nie welche gesehen hatte. Unzählige Wasserfälle gaben der Szenerie eine zusätzliche, höchst außergewöhnliche und dramatische Note.

Die Polizei hatte die alte Ortsverbindungsstraße zwischen Graswang und Oberammergau gesperrt, ich durfte passieren, mit dem Mofa würde ich schon durchkommen, so meinte der Beamte. Am Frauenwasserl hätte es einen Steinschlag gegeben.

Am Frauenwasserl, wenige Meter neben dem Klettergarten, stand damals noch ein kleines Pumpenhäuschen, das Grundwasser für die Wasserversorgung von Oberammergau förderte. Am Morgen des Tages hatte es jedenfalls noch gestanden, jetzt war es weg. Spurlos verschwunden! An seiner Stelle Felsbrocken und Gesteinsschutt en masse, sogar die Straße war fast vollkommen verschüttet. Beim Schreiben dieser Zeilen muss ich an das Felssturzunglück von Traunstein im Winter 2009/10 denken. So ähnlich war die Szenerie damals am Frauenwasserl auch, nur ging es hier glücklicher Weise ohne Verletzte und Tote aus. Die Feuerwehr war vor Ort im Einsatz und versuchte die Straße wieder passierbar zu machen, auf dem Weiterweg nach Oberammergau kam mir dann das so

www.kaiser-geotrekking.de

Unterwegs in Werdenfels
- Band 1: Geoabenteuer

dringend benötigte „schwere Gerät" in Form eines Baggers entgegen. [Anm. d. Autors: Am selben Nachmittag verschüttete eine Mure große Bereiche der Kälberplatte hinter dem Schießstand von Oberammergau.]

Tage nach dem Felssturz besah ich mir die Szenerie genauer. Ein großer Bagger hatte tagelang gearbeitet (Ich konnte den Fortschritt der Aufräumungsarbeiten ja auf meinem Weg zu und von der Arbeit täglich beobachten.), um die Riesenblöcke und den Schutt einigermaßen auf die Seite zu räumen. Doch einem Brocken wurde selbst das „schwere Gerät" nicht Herr: An der Stelle des ehemaligen Pumpenhauses grinst der größte Brocken des Felssturzes bis heute, als würde er mit einem Augenzwinkern sagen wollen: „Volltreffer!"

Unter einem Tonnenblock begraben: Das alte Pumpenhaus.

Vorletztes Jahr war ich mit meiner Schulklasse wieder einmal am Frauenwasserl. Ich erzählte den Kindern die Geschichte von damals und konnte ihnen noch gut die Stelle oben am Berg zeigen, wo der Riesenbrocken ausgebrochen war. Auch 20 Jahre nach dem Vorfall verrät die helle Farbe der Abrissflä-

Unterwegs in Werdenfels
- Band 1: Geoabenteuer

che die ursprüngliche Lage des Pumpenhauskillers. Hinter dem Brocken noch Mauerreste des Gebäudes zu finden war der krönende Abschluss dieser erlebten Geologiehistorie.

Die Abbruchfläche ist heute noch gut zu erkennen.

Siehe auch Tourenvorschlag 15!

www.kaiser-geotrekking.de

Unterwegs in Werdenfels
- Band 1: Geoabenteuer

Afrika in Werdenfels

Die Kollision zweier Kontinentalplatten, nämlich der von Afrika und Europa, war die Geburtsstunde der Alpen. Die Knautschzone dieses Aufpralls bildet heute das höchste Gebirge Europas. Bei diesem Crash wurden auch Gesteinspakete der von Süden kommenden afrikanischen Platte mehrere 100 Kilometer über den europäischen Urkontinent geschoben und kamen dort zum Liegen. Nur in der Schweiz sind Gesteinsserien des ureuropäischen Kontinents weiträumig aufgeschlossen, aus diesem Grund werden diese Gesteine auch als „Helvetikum" bezeichnet. Im bayerischen Alpenraum tritt das Helvetikum nur als schmaler Streifen am Nordrand der Alpen in den geologischen Karten auf.

Heißt das, am nördlichen Alpenrand erblickt Ur-Europa kaum das Tageslicht?

Kurios aber wissenschaftlich bewiesen: Unsere werdenfelser Berge bestehen, genau wie die benachbarten bayerischen und österreichischen Kalkalpen, aus Gesteinen, die ursprünglich auf der afrikanischen Platte lagerten! Als sog. „Ostalpine Decke" wurden sie bei der Kollision der Kontinentalplatten abgeschert und auf Ur-Europa überschoben.

Wir befinden uns im Jahr 2010nC. Ganz Werdenfels ist von der afrikanischen Kontinentalplatte überlagert. Ganz Werdenfels? Nein! Eine Handvoll unbeugsamer Felsen hört nicht auf, dem tektonischen Eindringling Widerstand zu leisten. Die zugleich lieblichen und steinharten Köchel im Murnauer Moos fürchten sich eigentlich nur vor Einem – dass ihnen die Hartsteinindustrie in den Rücken fällt.

Diese Köchel im Murnauer Moos gehörten eigentlich schon immer zu Europa, während die gebirgige Nachbarschaft afrikanischen Ursprungs ist. Afrika in Werdenfels! Die Zugspitze ein afrikanischer (Knapp-)Dreitausender!

Eine Sonderstellung beziehen die sanften Hügel um den Aufacker bei Oberammergau, das Hörnle von Unterammergau

Unterwegs in Werdenfels
- Band 1: Geoabenteuer

und Bad Kohlgrub und den Hochschergen bei Altenau. Diese sind exklusiven Ursprungs: Zwischen Ur-Afrika und Ur-Europa befand sich einst ein Tiefseegraben, der noch aus der Zeit vor der Kollision der Kontinente stammt. Tiefseeablagerungen aus diesem Bereich bilden heute die waldigen Voralpenberge des nördlichen Ammertales. „Flysch" ist die Bezeichnung, die der Geologe für dieses Gestein verwendet.

Der Traum von Bad Eschenlohe

Der Traum von einem „Bad Eschenlohe" ist schnell erzählt. Am südlichen Ortsausgang, etwa dort wo die Eisenbahnstrecke Murnau – Garmisch-Partenkirchen die Garmischer Straße quert, befinden sich zwei Schwefelquellen, unter Einheimischen „Moarbrunnen" genannt. Die eine versteckt im sumpfigen Gelände, die andere gleich im Straßengraben, gefasst in einem kleinen Rohr. An manchen Tagen verkündet der Geruch nach faulen Eiern schon von Weitem ihre Existenz. Ihr Schwefelgehalt begründet sich mit im Untergrund anstehendem Gips [Anm. d. Autors: Der südliche Nachbarort Oberau war bis in die Mitte des letzten Jahrhunderts für seinen Gipsabbau bekannt. Überhaupt ist Gips ein in unserer Region häufig vorkommender Rohstoff. Straßennamen wie „Am Gipsbruch" weisen auf die einstige wirtschaftliche Bedeutung hin.] Dieser enthält das Element Schwefel, welches mit dem Grundwasser zu Schwefelwasserstoff reagiert, das den typischen Geruch aussendet. Doch nun zurück zu „Bad Eschenlohe". 1960 wurde das Eschenloher Schwefelwasser einer chemischen Analyse unterzogen, um den Schwefelgehalt festzustellen und die Errichtung eines Heilbades anzudenken. Doch leider fielen die Ergebnisse so aus, dass „Bad Eschenlohe" wohl auch in Zukunft ein Traum bleiben dürfte. Dass das Wasser Schwefel enthält war und ist unstrittig, nur leider unterschreitet das Eschenloher Schwefelwasser mit einem Schwefelgehalt von 1mg/l den vom Gesetzgeber geforderten Wert für die Verwendung als Heilwasser. Zum Vergleich: Das Heilwasser in Bad Wiessee hat einen Schwefelgehalt von 100mg/l. Wer weiß wofür das gut war. Dass Eschenlohe zu

Unterwegs in Werdenfels
- Band 1: Geoabenteuer

extremen Baumaßnahmen fähig ist, wenn es um Tourismus geht, beweist die angedachte Bergbahn in ein projektiertes Skigebiet mit Gipfelstation und Berghotel auf der „Hohen Kiste", 1974 am Widerstand der Behörden und Naturschützer gescheitert. Ein Segen für das Estergebirge und Eschenlohe, dass es so kam.

Siehe auch Tourenvorschlag 16!

Franzosenmauer

Das Friedergrieß ist eine geschützte Naturlandschaft von unglaublicher Schönheit, die nicht zuletzt mit einer einmaligen Insektenfauna (seltene Schmetterlingsarten) und Flora weit über die Landkreisgrenzen hinaus bekannt ist. Hier gedeiht z.B. Baumwacholder besser als irgendwo anders in Südbayern. Mich erinnert das Friedergrieß immer an Canada, gerne bezeichne ich es deshalb als „Klein-Canada".

Klein-Canada in Werdenfels – das Friedergrieß

Unterwegs in Werdenfels
- Band 1: Geoabenteuer

Geologisch betrachtet ist das Friedergrieß ein gewaltiger Schuttkegel, aufgeschüttet durch die Friederlaine, die hier, nach heftigen, sommerlichen Starkregenfällen z.B. bei Gewittern, den Hauptdolomit-Erosionsschutt aus ihrem großen Einzugsgebiet sedimentiert. Man muss sich das so vorstellen: Der Hauptdolomit ist sehr brüchig und verwitterungsanfällig. Über die Jahre fallen gewaltige Schuttmengen an. Starkregenereignisse, bei denen in wenigen Viertelstunden mehrere Zehnerliter Wasser auf den Quadratmeter prasseln, waschen den Gesteinsschutt von den Bergflanken. In der reißenden Friederlaine wird dieser bis zum Hangfuß transportiert, wo an der Nordspitze des Friedergrießes die Friederlaine das Gebirge verlässt und in flacheres Gelände ausmündet. Hier nimmt die Fließgeschwindigkeit rapide ab, was zur Folge hat, dass sich anfangs die großen, schweren, im späteren Verlauf auch die kleineren der mitgeführten Steine absetzen.

Im Schotter ertrunken: Toter Wald im Friedergrieß.

Im Südwesten des Friedergrießes befindet sich ein toter Wald. Die dortigen Baumreste zeigen beeindruckend, wie mahnende Zeugen ihrer eigenen Vernichtung ein Denkmal abgebend,

Unterwegs in Werdenfels
- Band 1: Geoabenteuer

ihre Todesursache: Im Schotter ertrunken! Die Schuttmassen sind unvorstellbar groß! Alsbald mündet die angeschwollene Friederlaine in die Naidernach, immer noch Unmengen Schotter führend, wo sie sich mit deren Fluten vereint. Solche Hochwasserereignisse waren seit Jahr und Tag eine Bedrohung für die Ansiedlung Griesen. Zur Zeit des Zweiten Weltkriegs wollte man, nach vorausgegangenen Fehlversuchen, dieser natürlichen Bedrohung ein für alle Mal ein Ende bereiten und durch eine kühne, flussbautechnische Maßnahme, Griesen hochwasser- und vermurungssicher machen.

Französische Kriegsgefangen wurden als Zwangsarbeiter in das Friedergrieß gebracht. An dessen Nordspitze, dort wo die Friederlaine am Hangfuß sich ins Tal ergießt, an diesem engen, klammähnlichen Austritt, dort sollte ein gewaltiges Bauprojekt Wirklichkeit werden: eine Staumauer. Da Franzosen sie bauten, schnell auf den Namen „Franzosenmauer" getauft. Steine und Kies wurden dabei in Maschendrahtkörbe gepackt, diese Drahtkörbe bildeten dann aneinander und übereinander aufgetürmt die Staumauer. Ein beachtliches Projekt, denn die Staumauer war von überraschender Höhe: einige Zehnermeter müssen es wohl gewesen sein. Doch war die Staumauer nicht gedacht, ein kommendes Hochwasser vor dem Talaustritt aufzuhalten. Schnell wäre der Aufstaubereich zugeschottert worden und das Wasser der Friederlaine wäre über die Dammkrone geflossen. Nein, die Franzosen wurden beauftragt, einen künstlichen Abfluss zu bauen, der die Friederlaine in Zukunft Richtung Osten in den Bereich der Ochsenhütte umleiten sollte. Man wusste damals schon ganz genau, dass ein Aufhalten der Wasser- und Gesteinsschuttfluten unmöglich wäre. Der einzige Ausweg war das Umleiten der gefährlichen Fluten in nahezu unbebaute und unbewohnte Gebiete. So sprengten die Zwangsarbeiter einen markanten Kanal in den anstehenden Felsen.

Das System funktionierte. Die Friederlaine konnte aufgrund der Franzosenmauer nicht mehr ins Friedergrieß Richtung Westen entwässern. Sie musste sich dem neuen Lauf fügen und floss jahrelang Richtung Ochsenhütte ab und dort, in den

Unterwegs in Werdenfels
- Band 1: Geoabenteuer

Bach des Wassergrabens mündend, in die Loisach, ohne irgendwo Schaden anrichten zu können.

Umleitungskanal für die Friederlaine

Doch es kam der Tag, es kam die Stunde. Es muss Anfang der 60er Jahre des vergangenen Jahrhunderts gewesen sein, als eines Tages die Flut der Friederlaine derart heftig gewesen war, dass die Franzosenmauer brach. Der Zwangsabfluss nach Osten war damit trocken gefallen, schnell siedelte sich darin wieder Jungwald an, der dessen heutiges Erscheinungsbild prägt und die Friederlaine orientierte sich wie vor der Baumaßnahme wieder nach Westen Richtung Naidernach. Die Friederlaine begann so ihr jahrtausendealtes Pendeln, dem alsbald ein Hochwald im Südwesten des Friedergrießes durch Überschotterung zum Opfer fiel. Die Bäume ertranken im meterhoch aufsedimentierten Dolomitschutt. Noch heute stehen die Baumleichen. Durch das Pfingsthochwasser 1999 wurde wieder ein Teil der Schotter abgetragen, so finden sich eigentümliche Szenen: Schotter auf alten Baustümpfen und in Astgabeln liegend.

Unterwegs in Werdenfels
- Band 1: Geoabenteuer

alter Schotter über dem heutigen Niveau

Wieder einmal hat die Natur über den Menschen gesiegt. Was ist geblieben? Unscheinbare Fundamentreste der Franzosenmauer in Form von ein paar Quadratmetern zerfetzen Maschendrahts und ein trocken gefallener Kanal, der hoch über dem heutigen Bachbett der Friederlaine sich seiner eigentlichen Bestimmung wohl selber nicht mehr erinnern kann.

Siehe auch Tourenvorschlag 17!

Aus: **Der Zauberlehrling** *(Johann Wolfgang von Goethe)*

O! Du Ausgeburt der Hölle!

Soll das ganze Haus ersaufen?

Seh' ich über jede Schwelle

doch schon Wasserströme laufen.

Unterwegs in Werdenfels
- Band 1: Geoabenteuer

Reste der Drahtkörbe

Reste der Franzosenmauer

www.kaiser-geotrekking.de

Unterwegs in Werdenfels
- Band 1: Geoabenteuer

Gedränge in der Mariengrotte

Höhlen gelten, wenn man an sie im spirituellen Sinne herangeht, oft als heilige Orte. Unseren steinzeitlichen Vorfahren dienten sie nämlich nicht nur als Behausungen sondern auch als Kultstätten, was z.B. die heute meist nach religiösspirituellen Aspekten interpretierten Höhlenmalereien belegen. In der Antike galten Höhlen als Eingang zur Unterwelt, im griechischen Nekromanteio wurden Totenorakel in einem höhlenähnlichen, künstlich erweiterten Felsenkeller abgehalten. Bis in die Gegenwart dienen Höhlen religiös-kultischen Zwecken, das weltweit bekannteste Beispiel ist sicher die Mariengrotte im südfranzösischen Pyrenäenort Lourdes.

Künstliche Unterwelt: Das Orakel von Nekromanteio, Griechenland

Einen Marienauflauf der besonderen Art findet man in der Gemarkung Oberreidla, oberhalb Kaltenbrunn. In der Topographischen Karte findet sich hier der Eintrag „Grotte". Ich besuchte diesen Ort aus geowissenschaftlichem Interesse im Rahmen einer Befahrung der benachbarten „Oberreidlahöhlen". Im hier anstehenden Gestein, der soge-

Unterwegs in Werdenfels
- Band 1: Geoabenteuer

nannten Rauhwacke, finden sich zahlreiche, meist kleine Auswitterungshöhlen. Eine solche Auswitterungsnische ist auch die an einem Wanderweg gelegene Mariengrotte. Wer einen Eindruck über die Produktvielfalt der auf dem Markt angebotenen Marienfiguren bekommen will, sollte diesen Ort unbedingt aufsuchen. Die Volksfrömmigkeit scheint hier umzuschlagen in Sammelleidenschaft. Das ganze Szenario gleicht einer Modelleisenbahnlandschaft, es fehlt nur die Eisenbahn. Irgendwie werde ich an die von Archäologen so oft ausgegrabenen römischen oder altgriechischen Terracotta-Opferpüppchen erinnert, die, um vor dem einen oder anderen Gott um Schönwetter zu bitten, an heiligen Orten dargebracht wurden. Auch die afrikanische Voodoo-Religion kennt ähnliche Riten. Sollte die Menschheit in den letzten 3.000 Jahren nichts dazugelernt haben? Sind wir wirklich bei der Anbetung und Darbietung von „Opferpüppchen" stehen geblieben? Wird hier die Mutter Jesu angebetet oder die ägyptische Göttin Isis? Trotzdem umfängt auch den nichtgläubigen Betrachter vor Ort eine gewisse Ehrfurcht und Respekt vor dem „heiligen" Ort, der scheinbar dem einen oder anderen Menschen auch heute noch ein Ort der Besinnung ist und bleiben soll.

Während ich noch mit der Photodokumentation beschäftigt war, begann Freund Jürgen bei den Heiligen Erste Hilfe zu leisten. Viele Figuren waren umgefallen, manche sogar zerbrochen. Was gerettet werden konnte wurde wieder aufgestellt, Scherben packten wir ein, um diese im Tal zu entsorgen. Wir wollten fast schon gehen, als uns ein Haufen leergebrannter Grabkerzen hinter ein paar aufgeschichteten Steinen auffiel, den man in einem Felsspalt unter den Marien entsorgt hatte. So füllten wir eine zweite Plastiktüte mit Müll. Groß war die Überraschung, als unter den Kerzenresten mehrere Schuss Gewehrmunition lagen. Die Kombination des Nebeneinanders von Mariengrotte und Munitionsdepot machte uns sprachlos. Ebenso erstaunt reagierten die Beamten der Polizei in Garmisch-Partenkirchen, denen wir die Munition übergaben.

Siehe auch Tourenvorschlag 18!

Unterwegs in Werdenfels
- Band 1: Geoabenteuer

Jürgen leistet den Heiligen Erste Hilfe

Munitionsfund unter den Marien

www.kaiser-geotrekking.de

Unterwegs in Werdenfels
- Band 1: Geoabenteuer

Die Grotte der Kreuzfetischisten?

Ähnlich wie in der Mariengrotte in der Oberreidla verhält es sich auch mit der nur wenigen Menschen bekannten „Wassergrotte" am Kramer. Dabei handelt es sich um eine vom speleologischen Aspekt her unbedeutende Kleinhöhle in der Nähe des Falkensteines, die auf natürlichem Wege durch Auswitterung entstanden ist. In ihrem Hintergrund befindet sich eine kleine Quelle, wobei Quelle übertrieben ist, „Tropfstelle" würde den kleinen Wasserursprung treffender charakterisieren. Auf jeden Fall genügte diese Tropfstelle aber, der Grotte ihren Namen zu geben. Irgendein frommer Mensch muss dann eines Tages in dieser Grotte ein Kreuz aufgehängt haben. Zu dem einen Kreuz kam ein Zweites, ein Drittes, ein Viertes ... Wir zählten über 20 Stück!

Ein Ausschnitt der Kreuzsammlung.

Vom wenige Zentimeter kleinen Minikruzifix, bis hin zum brusthohen Modell. Begonnen beim Plastikkreuzlein, weiter über aus Grashalmen geflochtenen Kreuzen und vorbei an Metallkreuzen, bis hin zu massiven Holzkreuzen aller Machart

www.kaiser-geotrekking.de

und Größe. Besonders auffällig darunter Holzkreuze vom Friedhof, welche normalerweise solange auf neuen Gräbern stehen, bis sie durch einen dauerhaften Grabstein ersetzt werden. In der Wassergrotte haben sie ein neues Zuhause und eine endgültige Bleibe gefunden. Man meint sich in der Höhle eines Kreuzfetischisten, gefangen irgendwo zwischen Frömmigkeit und Bigotterie. Bizarr!

Siehe auch Tourenvorschlag 19!

Fossilienfundstelle im Schneckengraben

Der Lahnewiesgraben findet seinen Ursprung im Bereich der Enning Alm und entwässert den nördlichen Kramerblock. Er gilt unter Kennern als Fossilienfundstätte erster Qualität. Ich empfehle Fossiliensammlern die Einmündung des Schneckengrabens [Anm. d. Autors: Der heißt nicht umsonst so!] in den Lahnewiesgraben, etwa 50m oberhalb der Lahnewiesgrabenbrücke, vom Pflegersee kommend. Besonders an heißen Sommertagen ist dieser Ort ein angenehm kühles Plätzchen mit Spiel-, Spaß- und Fundmöglichkeiten für die ganze Familie. Ein Hammer und ein flacher Meißel sind hilfreiche Werkzeuge. Der Kenner sucht besonders in den dunkelgrauen, gutgeschichteten Gesteinen.

Siehe auch Tourenvorschlag 20!

Fossilienspuren   Belemnit

Unterwegs in Werdenfels
- Band 1: Geoabenteuer

Faltenwurf im Schneckengraben

roter Marmorbrocken im Reintal

www.kaiser-geotrekking.de

Unterwegs in Werdenfels
- Band 1: Geoabenteuer

Marmorschätze im Reintal

Das Geld liegt auf der Straße, man muss es nur aufheben. Auf das Montanwesen bezogen könnte man sagen, „Die Schätze der Natur sind im Berg versteckt, man muss sie nur finden." Ein solcher Überraschungsfund gelang vor nicht einmal 100 Jahren, im Jahr 1925. Im wildromantischen Reintal, unweit der Reintaler Höfe, fand man ein Marmorvorkommen, das prächtige Farben hervorbrachte: helles Weiß, sowohl zartes als auch kräftiges Rot und grauen, teilweise fast schwarzen Marmor. Das Marmorvorkommen zieht sich bis hinauf ans Kreuzeck! Doch weder der Bau der Kreuzeckbahn, noch das Schieben von Straßen in diesen versteckten Winkel von Werdenfels gaben die Initialzündung für einen Abbau. So ruht der Reintaler Marmorschatz wie andere, bisher noch nicht entdeckten Schätze, ungestört im Berg. Für die Natur sicher ein Gewinn.

Wer sich einen Eindruck von der Farbenvielfalt der Reintaler Marmore machen möchte, wandert über die Partnachklamm oder Partnachalm in Richtung der Reintaler Höfe und weiter zur Laubhütte. Kurz vor Erreichen der Hütte quert man den „Weißen Graben", dessen Name nicht von ungefähr kommt. Zahlreiche, zumeist helle Marmorbrocken, die der Bach aus höher gelegenen Regionen mitbringt, waren namengebend. Neben diesen hellen Marmorsteinen lassen sich auch die erwähnten rötlichen, roten und grauen Marmore finden. Der weiße Graben ist zudem eine gute Fundstelle für Fossilien, insbesondere Muscheln.

Unterwegs in Werdenfels
- Band 1: Geoabenteuer

Tourenvorschläge

Unterwegs in Werdenfels
- Band 1: Geoabenteuer

Tourenvorschlag 01 – **Grubenfeld Joseph bei Krün**

Man orientiert sich in Ortsmitte Krün nach Osten und überquert den Obernachkanal. Nahe der Isar ist linker Hand ein Wanderparkplatz. Nach Überschreitung der Isar wendet man sich nach rechts (Süden), bis man nach etwa 600m in den Hüttlegraben einbiegt. Ich empfehle nicht den Wanderweg zu nehmen sondern, wenn es die Abflussmenge zulässt, im Bachbett aufzusteigen. Schöne Bitumenschieferbrocken sind darin zu finden. Bei etwa 950mNN ersteigt man die orographisch linke (südliche) Grabenflanke und findet bei 975mNN im Wald oberhalb des Grabens die Pingenreihe.

Tourensteckbrief:

notwendige Ausrüstung	- feste Schuhe - evt. Höhenmesser - Wanderstöcke
Charakter der Tour	trotz des weglosen Geländes meist einfach; Vorsicht beim Aufstieg in der steilen Flanke des Hüttlegrabens.
Dauer	Von Krün (Wanderparkplatz an der Isar) aus in etwa 20Min. zu erreichen.
Sonstiges	Empfehlung: Im nördlich des Hüttlegrabens benachbarten Felsengraben findet sich bei 1.000mNN auf etwa 20m Strecke eine Gesteinsserie mit schönen Bitumenflözen von 1-2dm Mächtigkeit.

Unterwegs in Werdenfels
- Band 1: Geoabenteuer

Tourenvorschlag 02 – Marmorbruch bei Mittenwald

Idealer Ausgangspunkt ist der Wanderparkplatz östlich der B2, den man erreicht, wenn man von Norden nach Mittenwald fahrend nach links über die Isarbrücke ins Kasernengelände abbiegt und sich geradeaus Richtung Osten orientiert. Die B2 wird unterfahren, der Wanderparkplatz befindet sich wenige 100m nördlich dieser Unterführung.
Zum Marmorbruch steigt man zunächst über eine breite Forststraße nach Norden auf, die man alsbald (an der ersten Möglichkeit) nach rechts abbiegend verlässt. Nun steigt man über den alten Steinbruchweg in wenigen Kurven im Marmorgraben zum Marmorbruch auf.

Tourensteckbrief:

notwendige Ausrüstung	- Wanderschuhe
Charakter der Tour	sehr einfach
Dauer	Vom Parkplatz an der B2 aus in 0,5h zu erreichen.
Sonstiges	Vorsicht Steinschlag! Von den Wänden des Steinbruchs unbedingt wegbleiben!

Unterwegs in Werdenfels
- Band 1: Geoabenteuer

Tourenvorschlag 03 – **Zeche Garmisch**

Bei Grainau kreuzt die B23 die Eisenbahnlinie Reutte – Garmisch-Partenkirchen. 2,3km weiter Richtung Griesen besteht Parkmöglichkeit gleich rechts hinter der Loisachbrücke.

Über Waldwege nach Nordwesten orientierend erreicht man den Hangfuß etwa 150m östlich des Zieggrabens. Hier die Fundamentreste einer verfallenen Hütte. Hinter dieser ein schwer zu erkennender Steig, der in 1.020mNN auf einen Quersteig trifft. Diesem nach Osten folgend gelangt man nach 200m an den Stolleneingang des Unterbaus mit schöner Halde. Die weiteren verfallenen Bergbaureste finden sich darüber bis in etwa 1.100mNN, wo ein Flöz aufgeschlossen ist.

Tourensteckbrief:

notwendige Ausrüstung	- feste Schuhe - Helm - Lampe - Wanderstöcke
Charakter der Tour	einfach aber steil; Vorsicht bei nassen Verhältnissen
Dauer	Vom Parkplatz an der Loisachbrücke aus in einer knappen Stunde zu erreichen.
Sonstiges	Empfehlung: Schöne Rastmöglichkeit bei „Auf den Wasserfällen" mit grandioser Aussicht auf die Zugspitze.

Unterwegs in Werdenfels
- Band 1: Geoabenteuer

Tourenvorschlag 04 – **Altbergbau hoch über Hammersbach**

Die Bergbaue befanden sich auf der Hammersbacher Alm und im Hupfleitenkessel unterhalb des Hupfleitenjochs. Im Gegensatz zu den völlig verfallenen Stollen an der Hammersbacher Alm haben sich an der tiefsten Stelle des Hupfleitenkessels, dort in der nördlich anschließenden Felswand, zwei Kleinstollen erhalten. Etwa 30m weiter westlich, über einer kleinen Felsstufe, befinden sich unter Latschen ein 9m-Stollen und ein 5m-Schrägschacht mit deutlich sichtbaren Haldenresten.

Tourensteckbrief:

notwendige Ausrüstung	- feste Schuhe - Helm - Lampe - Regenschutz - Anorak - Sonnenschutz
Charakter der Tour	sehr einfach
Dauer	Von der Bergstation der Kreuzeckbahn aus in 20Min. zu erreichen.
Sonstiges	Empfehlung: Abstieg über das Hupfleitenjoch ins Höllental. Höhenunterschied 1.000m bergab.

Unterwegs in Werdenfels
- Band 1: Geoabenteuer

Tourenvorschlag 05 – **Waxensteinstollen**

Man folgt von Hammersbach aus dem Wanderweg zur Höllentalklamm und zweigt kurz vor der Klammeingangshütte nach rechts auf den Stangensteig ab. Diesem bis in den Bereich über dem eisernen Steg folgen, etwa dort, wo sich der Weg fallend zu diesem hinabschwingt. Hier rechts des Weges im Wald die schiefen Reste einer alten Hütte. Hinter dieser weglos dem Hangfuß des Kleinen Waxensteins zustrebend. Mit etwas Geschick lässt sich ein Durchstieg durch die Latschen finden. Mühsam über das lockere Material der Schutthalde direkt an die Felsen, dort schräg hinter einem Ständer der Materialseilbahn der Höllentalhütte ein kreisrundes Loch.

Für den Abstieg kann man sich der Schutthalde bedienen und auf einem schmalen Schuttband bis knapp über den Knappenweg oberhalb der Klamm „abfahren".

Tourensteckbrief:

notwendige Ausrüstung	- feste Schuhe - Helm - Lampe - Wanderstöcke
Charakter der Tour	im letzten Abschnitt sehr schwierig: weglos, diffizile Orientierung, mühsamer Aufstieg über Schuttreiße
Dauer	Von Hammersbach aus in etwa 1,5h zu erreichen.
Sonstiges	Empfehlung: Tour über den eisernen Steg fortsetzen und durch die Höllentalklamm absteigen.

Unterwegs in Werdenfels
- Band 1: Geoabenteuer

Tourenvorschlag 06 – Schurfbau am Stuiben

Der Ausgangspunkt ist die Bergstation der Kreuzeckbahn. Von hier aus Richtung Hochalm. Nach etwa fünf Gehminuten auf breiter, bequemer Trasse links abzweigend, dem Wegweiser „Bernadeinhütte, Stuibenhütte" folgen. Man verliert nun etwa 100 Höhenmeter. Kurz vor der markanten Wand der Stuibenmauer zweigt ein nahezu unerkennbares Steiglein nach Süden in das Gassental zur Stuibenscharte ab. Man kann - oder muss - hier weglos gehen. Bei 1.635mNN findet sich rechts des Weges (schräg oberhalb eines gefassten Brunnens) der verstürzte untere Stollen, von Latschen zugewachsen. Direkt 15 Höhenmeter oberhalb, der gutbegehbare, in freiem Gelände liegende Eingang des oberen Stollens mit seiner markanten Halde.

Tourensteckbrief:

notwendige Ausrüstung	- feste Schuhe - Helm - Lampe - Regenschutz - Anorak
Charakter der Tour	Einfache Tour in hochalpinem Gelände; Wetter beachten!
Dauer	Von der Bergstation der Kreuzeckbahn aus in 1,5h zu erreichen.
Sonstiges	Vorsicht! Den unteren Stollen aufgrund des gebrächen Charakters seines Eingangsbereiches auf keinen Fall befahren!

Unterwegs in Werdenfels
- Band 1: Geoabenteuer

Tourenvorschlag 07 – **Poyßlstollen im Kramer**

Der beste Ausgangspunkt ist der Parkplatz am Gasthof Almhütte („Windbeutelalm"), von dort auf dem Kramerplateauweg nach Nordosten. Nach etwa 700m erreicht man das kiesige Bett der Ackerlaine, in welches man einsteigt und diesem bis an den Hangfuß folgt. Wo die Ackerlaine ihr schmales, steiles Bett verlässt arbeitet man sich über Steilschrofen in einen felsigen Bereich hoch und erreicht bei etwa 1.020mNN den von unten aus deutlich sichtbaren Eingang in den Stollen.

Der Abstieg erfolgt indem man sich vom Stollen aus entlang der Felswand nach Osten orientiert und nach wenigen Zehnermetern einen untergeordneten Steig erreicht, der wieder zum Kramerplateauweg hinabführt.

Vorsicht: Absturzgefahr!

Tourensteckbrief:

notwendige Ausrüstung	- feste Schuhe - Helm - Lampe
Charakter der Tour	schwieriges Steilschrofengelände
Dauer	Vom Kramerplateauweg aus in 40Min. zu erreichen.
Sonstiges	Empfehlung: nichts für Kinder

Unterwegs in Werdenfels
- Band 1: Geoabenteuer

Tourenvorschlag 08 – **Bergwerk Murnau**

Von der Bahnhaltestelle Seeleiten / Berggeist aus folgt man in südwestlicher Richtung dem Forstweg. Nach wenigen Zehnermetern zweigt linker Hand ein untergeordneter Waldweg ab, dem man bis zu seinem Ende in einen wasserführenden Graben folgt. In diesem Graben zum Murnauer Moor absteigend, finden sich in den Flanken anstehende Kohleflöze.

Das Bergbaugebiet befindet sich auf der östlichen Grabenschulter.

Tourensteckbrief:

notwendige Ausrüstung	- feste Schuhe
Charakter der Tour	einfach
Dauer	Von der Bahnhaltestelle Seeleiten Berggeist aus in etwa 20Min. zu erreichen.
Sonstiges	Empfehlung: Die Tour integrieren in eine Mooswanderung oder in die ausgeschilderte „Staffelseeschleife"-Rundtour.

Unterwegs in Werdenfels
- Band 1: Geoabenteuer

Tourenvorschlag 09 – **Schatzloch am Hörnle**

Es bieten sich verschiedene Aufstiegsvarianten an: Von Bad Kohlgrub, Grafenaschau oder Unterammergau aus kann gestartet werden. Ziel ist es, den südöstlich der Hörnlegruppe gelegenen Stierkopf zu erreichen. Von hier aus folgt man dem Wanderweg Richtung „Drei Marken". Bei etwa 1.450mNN zweigt links ein untergeordneter Steig zum Schatzloch ab (Holzschild!), welches nach 50m erreicht wird. Es liegt am Südostrand der unbewaldeten Stierkopf-Gipfelzone, sein Mundloch ist südostexponiert.

Der kürzeste Zustieg ist der von Unterammergau aus. Über die Stieralm werden die Drei Marken in etwa 1,5h erreicht, das Schatzloch eine halbe Stunde später.

Tourensteckbrief:

notwendige Ausrüstung	- feste Schuhe
Charakter der Tour	einfach
Dauer	Vom Tal aus, je nach Aufstiegsvariante, in etwa 2-3,5h zu erreichen.
Sonstiges	Empfehlung: Den Besuch des Schatzloches mit einer Hörnle-Runde verbinden! Vorsicht! Von einer Befahrung des Schatzlochs wird aus Sicherheitsgründen dringend abgeraten. Der Stollen ist sehr gebräch und schon teilweise verstürzt.

www.kaiser-geotrekking.de

Unterwegs in Werdenfels
- Band 1: Geoabenteuer

Tourenvorschlag 10 – **Kühalpenbachstollen**

Man parkt in Graswang (Wanderparkplatz am östlichen Ortsrand) und wendet sich Richtung Süden, an der Dickelschwaig vorbei. Hinter der Brücke über den Kühalpenbach nach rechts einschwenken, dem Wegweiser „Notkarspitze 3,5Std." folgen. Immer entlang des Baches bis zum großen Wasserfall, diesen links liegen lassen. An der östlichen Seite die gemauerte Kaskade des Kühalpenbaches auf einer einbetonierten Leiter erklettern. An der engsten Stelle (etwa 100m südlich der Kaskade) westlich des Baches knapp 10m in die Schrofen klettern, dort der leicht verstürzte nördliche Stolleneingang.

Tourensteckbrief:

notwendige Ausrüstung	- feste Schuhe - Helm - Lampe
Charakter der Tour	einfach
Dauer	Von Graswang aus in etwa 40Min. zu erreichen.
Sonstiges	Ideales Familien-Ausflugsziel an heißen Sommertagen, denn der Kühalpenbach lädt zum Plantschen ein. Vorsicht: Stollen gebräch und einsturzgefährdet.

Unterwegs in Werdenfels
- Band 1: Geoabenteuer

Tourenvorschlag 11 – **Bärenhöhle bei Oberammergau**

Oberammergau Richtung Ettal mit dem Auto auf der B23 verlassend findet sich direkt am Ortsende ein Parkplatz. Oberhalb davon ist das Portal der Bärenhöhle deutlich zu erkennen. Aufstieg in wenigen Serpentinen.

Tourensteckbrief:

notwendige Ausrüstung	- feste Schuhe - Helm - Lampe
Charakter der Tour	einfach
Dauer	Vom Parkplatz an der B23 aus in etwa 10Min. zu erreichen.
Sonstiges	Gefahr bei Tauwetter, wenn die Eisriesen von der Decke krachen.

Unterwegs in Werdenfels
- Band 1: Geoabenteuer

Tourenvorschlag 12 – **Ölberghöhle bei Oberammergau**

Die Ölberghöhle ich leicht zu erreichen. Dort, wo die für den öffentlichen Verkehr gesperrte Straße vom Schießplatz in die Ortsverbindungsstraße Oberammergau - Graswang mündet, macht man sich Richtung Kälberplatte (Norden) auf den Weg. Schnell erreicht man eine Stelle, wo linker Hand die Felsen sehr nah an die Straße treten, hier ein Quelltümpel. Diesen nördlich umgehend gelang man unschwer zur Höhle.

Tourensteckbrief:

notwendige Ausrüstung	- feste Schuhe - Helm - Lampe
Charakter der Tour	einfach
Dauer	Von Oberammergau aus in etwa 20Min. zu erreichen.
Sonstiges	Empfehlung: Kombinieren mit Tourenvorschlag 15. Ideal für Kinder.

www.kaiser-geotrekking.de

Unterwegs in Werdenfels
- Band 1: Geoabenteuer

Tourenvorschlag 13 – **Höhle im Ofenberg bei Griesen**

Man kann das Gebiet auf zwei Arten erreichen: entweder von Osten, mit dem Ausgangspunkt Ochsenhütte oder von Westen, mit Start in Griesen. Die Höhle ist von beiden Seiten aus etwa gleich weit entfernt. Schwierig ist, an der richtigen Stelle am Nordfuß des Ofenberges in den Steilwald einzusteigen. Ich empfehle zunächst den Tourenvorschlag 17 (Franzosenmauer im Friedergrieß) durchzuführen. Von der Mündung der Friederlaine aus nach Süden blickend, erkennt man deutlich das Portal der Höhle in der Felszone des Ofenberges und kann fernerkundend, den Aufstieg planen. Evt. Feldstecher verwenden!

Tourensteckbrief:

notwendige Ausrüstung	- feste Schuhe - Helm - Lampe
Charakter der Tour	sehr steiler, mühsamer Aufstieg, schwierige Orientierung
Dauer	Von Griesen aus in etwa 1,5h zu erreichen.
Sonstiges	Empfehlung: kombinieren mit Tourenvorschlag 17.

Unterwegs in Werdenfels
- Band 1: Geoabenteuer

Tourenvorschlag 14 – **Spielleitenhöhle bei Farchant**

Ausgehend vom Spielplatz am Spielleitenbach westlich Farchant steigt man über schöne Felsterrassen auf. Am Forstweg angekommen hält man sich links und gelangt schnell zu einer Quelle und einem Unterstand (guter Brotzeitplatz). Von diesem aus weglos etwa 200m nach Süden, in das Gebiet oberhalb des Farchanter Friedhofs. Ein meist trockenes Bachbett weist den Weg zum Höhleneingang.

Tourensteckbrief:

notwendige Ausrüstung	- feste Schuhe - Helm - Lampe - derbe Handschuhe
Charakter der Tour	einfach; Höhle sehr eng
Dauer	Von Farchant aus in etwa 30 Minuten zu erreichen.
Sonstiges	Vorsicht: Im vorderen Bereich der Höhle liegen Glasscherben! Handschuhe und Knieschutz verwenden!

Unterwegs in Werdenfels
- Band 1: Geoabenteuer

Tourenvorschlag 15 – **Felssturz am Frauenwasserl zwischen Oberammergau und Graswang**

Man parkt direkt am Klettergarten an der Ortsverbindungsstraße zwischen Oberammergau und Graswang. Hier östlich der Straße ein auffälliges Transformatorenhäuschen. Das Felssturzgebiet liegt links neben dem Klettergarten. Der große Felsblock ist deutlich zu erkennen.

Tourensteckbrief:

notwendige Ausrüstung	
Charakter der Tour	sehr einfach
Dauer	Mit dem KFZ erreichbar.
Sonstiges	Empfehlung: Mit Tourenvorschlag 12 kombinieren.

Unterwegs in Werdenfels
- Band 1: Geoabenteuer

Tourenvorschlag 16 – **Der Traum von Bad Eschenlohe**

Die Schwefelquelle von Eschenlohe ist sehr bequem mit dem KFZ zu erreichen. Sie liegt direkt an der Garmischer Straße. Von Süden kommend biegt man rechts von der Olympiastraße in Richtung Eschenlohe ab (Noch vor dem südlichen der beiden B2-Tunnels!). Linker Hand befinden sich einige Gebäude. Am Nordrand dieser Siedlung zweigt der steile Kreuzweg zur Nikolauskapelle ab. Direkt hier, am Hangfuß, ist die unscheinbare Quelle in Betonringen gefasst und fließt über ein kleines Rohr in den Straßengraben. Meist verrät der starke Geruch nach faulen Eiern das Schwefelgebräu.

Tourensteckbrief:

notwendige Ausrüstung	
Charakter der Tour	sehr einfach
Dauer	Mit dem KFZ erreichbar.
Sonstiges	Tipp: Mit einem Besuch des benachbarten zivilen Luftschutzbunkers kombinieren. (Etwa hundert Meter auf derselben Straßenseite Richtung Bahnübergang. Durchgangsstollen mit automatischer, elektrischer Beleuchtung.) Idealer Ausflug mit Kindern.

www.kaiser-geotrekking.de

Unterwegs in Werdenfels
- Band 1: Geoabenteuer

Tourenvorschlag 17 – **Franzosenmauer im Friedergrieß**

Man kann das Gebiet auf zwei Arten erreichen: entweder von Osten, mit dem Ausgangspunkt Ochsenhütte oder von Westen, mit Start in Griesen. Die Franzosenmauer ist von beiden Seiten aus etwa gleich weit entfernt. Reste dieser Mauer finden sich am linken und rechten Ufer der Friederlaine, dort, wo sie ihr klammartiges Bett verlässt und in das Friedergrieß ausmündet. Den künstlich angelegten Zwangsabfluss nach Südwesten kann man noch deutlich erkennen, wenn man östlicher der Friederlaine dem Steig auf die Friederspitze folgt und etwa 50 Höhenmeter aufsteigt. Vorsicht: brüchige Kanten und Absturzgefahr am Kanal!

Tipp: Unbedingt den toten Wald etwa einen halben Kilometer südlich der Franzosenmauer besuchen!

Tourensteckbrief:

notwendige Ausrüstung	- feste Schuhe
Charakter der Tour	einfach
Dauer	Von Griesen aus in etwa 1h zu erreichen.
Sonstiges	Empfehlung: Mit Tourenvorschlag 13 kombinieren. Auch als Fahrradwanderung möglich. Idealer Ausflug mit Kindern.

Unterwegs in Werdenfels
- Band 1: Geoabenteuer

Tourenvorschlag 18 – **Mariengrotte bei Kaltenbrunn**

Nördlich der B2, am westlichen Ortsrand von Kaltenbrunn, beginnt eine Forststraße, der man 4,5km bis zu einer großen Lichtung mit Wildfütterung folgt. Hier hält man sich rechts, um nach wenigen Zehnermetern nach links in einen sehr ausgewaschenen, alten Ziehweg einzubiegen, der ansteigend nach einem guten Kilometer an einer Linkskurve direkt vor die Mariengrotte führt.

Tourensteckbrief:

notwendige Ausrüstung	- feste Schuhe
Charakter der Tour	einfach
Dauer	Von Kaltenbrunn aus in etwa 1,5h zu erreichen.
Sonstiges	Das Objekt ist in der amtlichen topographischen Karte als „Mariengrotte" eingezeichnet.

Unterwegs in Werdenfels
- Band 1: Geoabenteuer

Tourenvorschlag 19 – **Wassergrotte am Kramer bei Garmisch-Partenkirchen**

Man parkt das Auto am Pflegersee und wandert den Kramerplateauweg Richtung Garmisch. Nach einem guten Kilometer erreicht man ein erstes, markantes Bachbett mit kleinem Steg. Hier rechts vom Kramerplateauweg in einen unscheinbaren Steig abzweigen, der schnell an Höhe gewinnt. An der ersten Stelle, wo er auf eine größere Felswand trifft, befindet sich die Grotte.

Tourensteckbrief:

notwendige Ausrüstung	- feste Schuhe
Charakter der Tour	einfach; steiler Schlussanstieg
Dauer	Vom Kramerplateauweg aus in etwa 20 Minuten zu erreichen.
Sonstiges	

www.kaiser-geotrekking.de

Unterwegs in Werdenfels
- Band 1: Geoabenteuer

Tourenvorschlag 20 – **Fossilienfundstelle im Schneckengraben**

Man parkt das Auto am Pflegersee und wandert auf gut ausgebauter Forststraße nach Norden bis zur Brücke über den Lahnewiesgraben. Etwa 50m bachaufwärts mündet vom Kramermassiv her der Schneckengraben. Fundmöglichkeiten im Lahnewiesgraben und im einmündenden Schneckengraben.

Tourensteckbrief:

notwendige Ausrüstung	- feste, im optimalen Fall auch wasserdichte Schuhe (Gore Tex Bergschuhe oder Sicherheits-Gummistiefel mit Stahlkappe) - evt. Hammer, Meißel, Schutzbrille, Arbeitshandschuhe
Charakter der Tour	sehr einfach; im Bachbett Kinder gut beaufsichtigen
Dauer	Vom Pflegersee aus in etwa 20 Minuten zu erreichen.
Sonstiges	Idealer Familienausflug an heißen Sommertagen. Möglichkeit zum Wasserpritschln.

Unterwegs in Werdenfels
- Band 1: Geoabenteuer

Andreas P. Kaiser, Jahrgang 1969, Garmisch-Partenkirchen, verheiratet

Lehrer aus Leidenschaft und freiberuflicher Geograph.

„Meinen Lebensunterhalt verdiene ich mit der Erziehung von Jugendlichen an einer Hauptschule in Garmisch-Partenkirchen. Ausgleich zu meinem anstrengenden Dienst bietet mir mein Hobby: Seit meiner Kindheit erforsche ich natürliche und künstliche Höhlen meiner Heimat und der näheren Umgebung. Aufgewachsen in den Bergen kenne ich diese wie meine Hosentasche. Während des Studiums an der LMU in München erlernte ich die wissenschaftlich-akademische Seite meines Hobbies. Mein aktueller Forschungsbereich ist hauptsächlich das Wiederauffinden und Dokumentieren des Jahrhunderte alten Bergbaus in Werdenfels. Darin integriert sich auch die Suche nach Bodenschätzen und Mineralien.

2007 gründete ich auch die Firma *MAK Trek*, die *Geotrekking* und geowissenschaftliche Dienstleistungen anbietet. Die Freuden, die mir meine Forschungen bereiten, gebe ich gerne an Interessierte weiter: Touristen, Jugendgruppen, Naturliebhaber. Als Pädagoge weiß ich die Inhalte auf das jeweilige Publikum abzustimmen und Fachwissen nicht nur für jeden verständlich, sondern auch unterhaltsam zu vermitteln. Erlebnispädagogische Methoden stehen dabei im Vordergrund. Die wissenschaftliche Dokumentation und literarische Verwertung meiner Forschungen ist in meinem Selbstanspruch begründet.

Folgen Sie mir auf eine Entdeckungstour durch meine Heimat, sei es auf den Seiten dieses Buches, auf meiner Homepage oder demnächst auf einer gemeinsamen Exkursion, denn man sieht nur das, was man weiß!

Bis demnächst im Gelände!"

Weitere Informationen zu Andreas P. Kaiser unter:

www.kaiser-geotrekking.de

Unterwegs in Werdenfels
- Band 1: Geoabenteuer

Quellennachweis

(1) Raab, Winfried: Der Bergbau und andere künstliche Objekte rund um das Estergebirge. In: Verband der deutschen Höhlen- und Karstforscher e.V. München (Hg.): Das Estergebirge – Eine Karstlandschaft in den Bayerischen Voralpen, München 1997, S. 285-292

(2) Schwarz, Peter: Der Ölschiefer-Bergbau an der oberen Isar bei Wallgau und Krün. In: Heimatverband Lech-Isar-Land e.V. Weilheim (Hg.): Lech-Isar-Land 2007, Weilheim i. Ob. 2007, S.209

(3) Prechtl, Johann Baptist: Chronik der ehemals bischöflich freisingischen Grafschaft Werdenfels. Garmisch-Partenkirchen, 2009, S.60

(4) Archivdaten sinngemäß übernommen aus:
Schwarz, Peter: Bergbau. In: Josef Ostler, Michael Henker, Susanne Bäumler (Hg.): Grafschaft Werdenfels 1294 – 1802, Garmisch-Partenkirchen 1994, S.90-97

(5) Archivdaten sinngemäß übernommen aus:
Vaché, Raimund: Geologie und Lagerstätten des mittleren Wettersteingebirges zwischen Hammersbach und Partnach. München, 1960, S.63/64

(6) Schwarz, Peter: Bergbau. In: Josef Ostler, Michael Henker, Susanne Bäumler (Hg.): Grafschaft Werdenfels 1294 – 1802, Garmisch-Partenkirchen 1994, S.90-97

(7) Flurl, Mathias: Beschreibung der Gebirge von Baiern und der oberen Pfalz. München 1792, S.55-56

(8) Unbekannter Verfasser: Graswang. In: Staatl. Schulamt Garmisch-Partenkirchen (Oberschulrat Fr. Miller) (Hg.): Unser Werdenfelser Land - Eine heimatkundliche Stoffsammlung. Band Ammertal. (Landkreis Garmisch-Partenkirchen) 18 S. (unpag.) + 176 S. + 12 S. (unpag.) + 24 Taf., mehrere Tab., Garmisch-Partenkirchen 1967, S.34

(9) Unbekannter Verfasser: Graswang. In: Staatl. Schulamt Garmisch-Partenkirchen (Schulamtsdirektor Wolfgang Emmerz) (Hg.): Unser Werdenfelser Land - Eine heimatkundliche Stoffsammlung. Band 5, Region IV,

Unterwegs in Werdenfels
- Band 1: Geoabenteuer

Ammertal. (Landkreis Garmisch-Partenkirchen), Graswang 4.1.1. S.2

(10) Flurl, Mathias: Beschreibung der Gebirge von Baiern und der oberen Pfalz. München 1792, S.60-61

(11) Unbekannter Verfasser: Graswang. In: Staatl. Schulamt Garmisch-Partenkirchen (Oberschulrat Fr. Miller) (Hg.): Unser Werdenfelser Land - Eine heimatkundliche Stoffsammlung. Band Ammertal. (Landkreis Garmisch-Partenkirchen) 18 S. (unpag.) + 176 S. + 12 S. (unpag.) + 24 Taf., mehrere Tab., Garmisch-Partenkirchen 1967, S.41

Unterwegs in Werdenfels
- Band 1: Geoabenteuer

Glossar:

Ausbiss	die Stelle, an der ein Bodenschatz an die Erdoberfläche tritt
Befahrung	Vokabel aus der Bergmannssprache; von „Einfahren" (in den Berg hineinfahren)
Flöz	Schicht abbauwürdigen Bodenschatzes, z.B. „Kohleflöz"
Geleucht	das Licht des Bergmannes oder Höhlenforschers
Geotrekking	Wanderungen zu geowissenschaftlich interessanten Zielen
Halde	Abraumhaufen, bestehend aus taubem Material, vor dem **Stollenmundloch**
Hunt	Grubenwagen, oft auf Geleisen fahrend
Karstgasse	Oberflächenobjekt aus dem Formenschatz des Karstes; durch Wasserlösung entstandene, begehbare Rinne im Gestein
Mundloch/Stollenmundloch	Stolleneingang
Pinge	trichter- oder schachtförmiger Einsturzkrater an der Erdoberfläche
Prospektion	Suche nach Bodenschätzen
Schluf	Engstelle in einer Höhle, die nur **schlufend** (auf dem Bauch kriechend) überwunden werden kann
Sediment	Ablagerung am Boden eines Gewässers
Stalagmiten	Tropfsteine vom Boden zur Decke wachsend
Stalaktiten	Tropfsteine von der Decke zum Boden wachsend
Sondierungsgraben	in 90°-Winkeln sich schneidende Gräben, in denen der Boden abgetragen wurde um das anstehende Gestein zu begutachten
Speleologe	Höhlenforscher
Tektonik	Wissenschaft von den Bewegungen und Strukturen der oberen Erdkruste
Verbauung	hölzerne Stützvorrichtungen in einem Stollen, um dem Einsturz vorzubeugen
Vortrieb	Bau des Stollens; von „vorantreiben"

Unterwegs in Werdenfels
- Band 1: Geoabenteuer

Notizen:

www.kaiser-geotrekking.de

Unterwegs in Werdenfels
- Band 1: Geoabenteuer

www.kaiser-geotrekking.de

Unterwegs in Werdenfels
- Band 1: Geoabenteuer

Unterwegs in Werdenfels
- Band 1: Geoabenteuer

Unterwegs in Werdenfels
- Band 1: Geoabenteuer

... und es gibt ihn doch:

Der Berggeist

www.ingramcontent.com/pod-product-compliance
Lightning Source LLC
Chambersburg PA
CBHW050218230526
45470CB00001B/436